汪星人小吃看世界

研出版

目録 Contents

1.1 | 汪星任務

1.2 | 不離不棄的信任

1.3 | 不再讓我孤單

1.4 | 來港新移民

2.1 | 源自汪星的幸福

2.2 | 汪星號重新啟航！

2.3 | 汪星高峰會議

2.4 | 家有一寵 如有一寶

3.1 │ **為人民服務的汪星人**

3.2 │ **愛的使命**

3.3 │ **汪星元氣彈**

3.4 │ **緋聞男友馬蹄！**

4.1 │ **汪星接班人**

4.2 │ **太平道的櫥窗毛孩**

4.3 │ **生病的汪星人（上集）**

4.4 │ **生病的汪星人（下集）**

自 序

　　不經不覺我和小吃一起生活了四年，四年來她引導我走進了汪星人的世界。從了解汪星人的生活習慣，關心流浪動物，甚至希望藉著小吃的號召力為流浪狗籌款，幫助生病的、等待領養的汪星人。從照顧生命的過程學懂尊重生命，即使是流浪動物，牠們也有生存的權利。彼此生活在同一地球裡，沒有一個生命比另一個更尊貴。

　　在小吃的汪星世界裡，我嘗試以小吃的眼光看她從台灣移民到香港之後的生活，探討人與狗狗之間的相處問題。到底狗狗眼中的主人們會是怎樣呢？是什麼原因令狗狗用一生的時間去等待主人回家呢？狗狗是怎樣建立牠們的社交生活和感情世界呢？

　　書中亦會涉及香港人怎樣對待流浪狗；捕獸器對流浪狗的傷害，商人繁殖名種狗圖利對狗狗的影響等。此外，用生命為港人服務的工作犬一直為外界忽視，到底牠們退役後何去何從呢？牠們是怎樣度過晚年呢？希望小吃用她的角度帶各位讀者探索汪星人的世界。

　　在寫作的過程，小吃不幸患上嚴重的心絲蟲症。於是，我特別描述了汪星人看病和治療的經過。沒有預料到看似活潑健康的小吃可能與我訣別陰陽。在一波三折的求診過程，我們都能體會汪星人生病的痛苦。牠們不像人們能夠講清楚自己的病癥，靠的就是

主人在生活中留意的細節以及醫生的專業診斷。在治療過程中花費的不只是金錢，還有更多的時間和耐性，我相信很多主人們都會認同只要毛小孩能夠康復，一切都是值得。

　　最後，我請各位讀者亦能關注今次的受助的機構：志永傻瓜傻狗特工基地。這是個專門照顧老弱受傷以及生病的狗狗，讓牠們接受治療後重新等待領養或留在基地終老的志願團體。據了解，他們仍然需要大量的狗糧、藥物、義工以及治療狗狗的善款，希望各位有錢出錢，有力出力，一同為汪星人的幸福努力。

孔 子

推薦序

原來，孔小吃你也是跟我一樣是「台灣犬＋拉布拉多」混血兒。有時候老爸、乾爹們都說我們長得好像喔。

我是老爸光良在我三、四個月大時，在台北市內湖的動物之家領養的。很開心我的老爸、乾爹、還有星娛音樂 XYmusic 的同事、褓母朋友們都對我超好，就像小吃你的老爸、虎媽、還有鄰居伯伯親朋好友等對你一樣。

小吃我們都一樣，有時會遇到對我們不理解、不友善的人，但我們的老爸都會出面據以力爭，為我們的「狗權」奮戰到底。而且，我很感動的是，你老爸也跟我老爸一樣，搬家的主要原因都是為了讓我們有更好、更友善的生活空間。

我知道小吃你最近生病了，我也是一樣。生病除了我們自己不舒服外，老爸們照顧我們也很辛苦。所以我們要更堅強，像我去針灸看醫生、打針、吃藥，我都很乖、很配合，我的主治醫生楊醫師都稱讚我喔！

小吃，我跟你唯一不一樣的是：很佩服你有搭飛機的勇氣！

我老爸領養我以後，從來就沒有關我在籠子裡，因為我對籠子有恐懼症。我不敢想像當年你老爸送你去體檢、隔離那段時間、然後關在籠子裡送上飛機回香港的過程。換成是我，我應該會抓狂吧。你真的很勇敢！

雖然小吃你從台灣移民到香港，而我是在台灣土生土長，因為老爸們對我們汪星人的愛，所以我們有機會認識，更有榮幸為你的書寫序，真的很有緣分啊！

我沒有很大的願望，我只希望可以開開心心、健健康康的陪伴老爸，還有我生命中對我關心、疼愛的人。相同的，我也祝福你喔，祝福你身體健康，跟老爸虎媽及愛你的人，幸福美滿！

小 High

歌星光良的寶貝兒子「小 high」，Highfun 嗨翻「董事長」。
感情生活是單身，特技是裝死和頂東西。

序

一轉眼
地球上的時間就從 2012 飛到了 2016

從來不覺得自己是地球人
應該也是從汪星球來的 Yumi 麻
認識小吃和孔子 4 年了

他們倆信守當初不離不棄的承諾
在香港快樂的生活著
很開心我有幸見證這個美好而且真實的故事
2015 還見了小吃一面
她還記得我是乾媽呢!

很喜歡也絕對相信書裡寫的:
每隻從汪星球來到地球的狗狗　都有任務
為的就是協助地球人
讓人類生活得更簡單　更懂得分享幸福與快樂

在台灣流浪的汪星人小吃　到香港和孔子生活
完成了哪些任務
跟著我一起迫不及待看下去吧
因為
每一個汪星人和地球人的故事
都有它存在的意義

祝福
小吃在地球上停留的時間,久一點再更久一點
因為你是小王子唯一的狐狸

秦綾謙

小吃乾媽,綽號甜甜圈。
台灣 TVBS 主播,養有一隻柴犬 Yumi,跟她一樣優雅秀氣。

1.1
汪星任務

據說，狗狗都是從汪星球來到地球，爲的就是協助地球人，讓他們生活過得更簡單、更懂得分享幸福與快樂。

人們雖然聽不懂狗狗的語言，所以務必花時間了解他們的所作所為、飲食以及喜好，用時間和經歷建立不離不棄的關係，這就是馴養汪星人的過程。每個汪星人完成任務後都可以回去汪星球享受天堂般的退休生活。

命中註定的你，等你好久嘞！

不知怎地，我醒來就身處在台灣這小島裡的屏東某鄉村。接下來的每天，我都在海邊靜候著目標人物出現！平常都幹甚麼？有時捉魚吃、有時幫忙做垃圾分類、有時在海巡處當兼職看更，日復日地……唉，他真的好慢耶！

直到人類曆法的 2011 年 12 月 27 日，那個「他」終於出現了！足足等了他兩年才到，這人走得真慢！兩條腿走路真遜！

根據汪星傳來的情報，說我的任務對象 — 孔子，將會在台灣環島籌款。眼前這個走過來的背包客，會不會是他呢？讓我先禮貌地過去打聲招呼吧！

小吃：「嘩～ 你身上的味道很好聞呢，你就是孔子嗎？來，別慢吞吞，我們一起走回台北吧！」

太慢嘞，太慢嘞！

等了這麼久還沒來！

讓我嗅一嗅……是你了！

註：小吃在遇見孔子前，原來沒有偷懶，偶爾也會在海巡處當兼職，每天游游水，捉捉魚呢！

一嘟即睇　　孔子初次遇到小吃！

孔子吃了一驚：「哇塞！哪裡來的流浪狗？你想幹甚麼？怎麼還要舔我？到底是想咬我，還是怎的？」

孔子：「喂喂喂！別舔我呀！你的口水呀！」噢，真笨！忘了落後的人類，天生就是聽不明汪星語！我還是省口氣，別出聲好了，免得嚇怕他，接下來跟著他就是了。

Yeah! 開始環台之旅

孔子一聲不響地，走進旁邊的雜貨店，問道：「請問…… 這隻狗是你們養的嗎？牠老是跟著我，不知想幹什麼呢！」

鄉民摸不著頭腦，說：「不！不是我們的，我剛才還以為你遛狗環台呢，還想跟你說好厲害！來，拿點乾糧上路去吧，這些麵包是給你餵牠的，水和罐頭你自己留著吃吧。」

孔子：「那…… 多少錢？我付給你吧。」

鄉民笑說：「不用了，你這小伙子要帶狗環台，真不容易呢！」

小吃：「哈哈！所以說，台灣最美的不是風景，是人哦！快給我麵包，我真的餓了好多天了！」我搖著尾巴，不停圍著孔子團團轉。

孔子無奈的自言自語：「這真的不是我的狗嘛…… 這大叔怎說也不明白。好好好，知道了，麵包是你的，不用這麼熱情，我跟你不是很熟，只是剛好同路而已。明天我就送你去動保處。」

甚麼！不是吧？我沒聽錯吧？動物保護處？根據汪星前輩說，那是政府要破壞人類和汪星人幸福的極端組織！你千萬別這樣做，不然我完成不了任務。

別說笑？真的要把我送走？

那天晚上孔子睡在小木屋裡，我就在門外幫他把風。幸好笨笨的孔子在翌日已經徹底忘了這事，繼續上路。但他卻沿途不斷游說其他台灣人領養我！好，讓我將他的惡行公諸於世：

首先，他試著將我送到警察局，幸好我身手敏捷，警察先生也抓不住我；接著，又試著送我給雜貨店的老闆，還好老闆娘推辭，說家裡已經有兩三隻狗狗，養不下我；

最後，孔子還打算將我送給喝醉酒的大叔！真是「送狗入虎口」！要記住：汪星人並不是隨便送贈的禮物呀！

看來要得到他的信任並不容易…… 人類世界真是複雜，我們汪星人見面打招呼，只要互聞屁屁，就知對方去過哪裡、吃過甚麼，就連是好是壞也　聞就知。

可是孔子一直都不聞我的屁股，難道他不想了解我？

您知道嗎？

環繞台灣一趟，到底有多遠？

台灣的海岸線全長約 1,140 公里，環島一圈便相當於要行 28 次香港島。而我則是從最北端是台北的富貴角燈塔，走到最南端是屏東縣的鵝鑾鼻燈塔，途中經過阿塱壹古道、台東、宜蘭回到台北。當時平均一天要走 45 公里的路，其實真的相當累。所以，我建議要徙步環島的朋友，可以每天走 30 公里的路，不但會輕鬆一點，也可以沿途欣賞的風光。裝備方面，越輕便越好，不然肩膀翌日就會很疼痛。防風防水的外套，配上運動裝，背包最好有反光帶、緊急食水、乾糧及電筒等。不得不提的是水泡，孔子建議出發前先用凡士林塗腳底，穿上五趾襪，可以減少長水泡的機會。

為何要環島遊？

要走畢 1,100 公里的路線並不容易，環島的原因是支持你走下去的重要力量。當時，孔子選擇徒步環島是為根絕小兒麻痺症而籌款。每天醒來都疲憊不堪，但因為想到很多小兒麻痺的病人行動不便，為了他們，孔子還是要走下去。雖然回程的路是最辛苦，不但逆風，而且距離終點還是遙遙無期，但幸好有我陪伴，孔子走起來的感覺也輕鬆不少呢。所以，環島的朋友要不帶上很好的伙伴，要不直接沿途領養隻汪星人一起上路吧！

註：圖片取自 Google 地圖。

1.2 不離不棄的信任

雖說孔子已經放棄將我送走的荒謬想法，加上看到我超可愛的笑容，也不再怕我了．但到了這一刻，還是不肯讓我跟他睡在一起，老是要將我留在民宿外面，讓我吃著西北風見周公！幸好我的毛毛夠厚，根本不怕冷呢。

我昨晚還偷聽到他說，今天要走甚麼「阿塱壹古道」，聽說很多台灣人都沒走過這條路，不知道他為甚麼偏要選古道來走呢？

中午時候，我和孔子從海邊轉入森林，爬上了長長的斜坡，再沿山路一直往上爬。慢著，有點不對勁！孔子也停下來，說：「呃…… 看似沒路了，手機又收不到訊號…… 不怕不怕！再爬高一點，再看看怎樣走。」

人類在迷路時多半會拿出一張花花亂畫的紙或者手掌般大的機器來找路。先進的汪星人根本不需要這些落後工具，光用鼻子嗅一嗅，就知道往哪裡走才是回家的路。話說回來，當我們一直爬到山頂時，這個孔子才知道走錯路，一臉死灰的要原路下山去。

上山容易下山難，孔子下坡時就笨手笨腳的滑倒了三四次，手腳都擦傷了，真令人擔心哦！讓我行行好，用汪星人的神奇口水，幫他舔舔傷口消毒吧。

慢著，有點不對勁！

呃⋯⋯ 看似沒路了，手機又收不到訊號⋯⋯

不怕不怕！再爬高一點，再看看怎樣走。」

 一嘟即睇　**阿壆壹古道爬山**

迷……迷路了！

孔子立刻將我推開：「哎呀！別舔我啦，現在又不是玩遊戲，下坡路太陡峭，又沒帶行山杖…… 對了！你用四隻腳下山，怎看也比我輕鬆多呢！」說沒說完，他就拉住我的頸帶：「狗狗，可以找你來借力下山嗎？3，2，1， 你不出聲就當你答應。」喂喂喂！人家可不是馬呢！罷了，平時我肯定不會讓人壓住我，看在朋友有難，我就幫忙一下吧。不過我沒想到他這麼重！看來他應該仿效我，一兩天才吃一餐吧？

你居然連罐罐也帶上來了？真貼心呢！

好累呀！好不容易才回到山腳去，差點狗命也沒了！我喝了幾口水，骨碌一聲就躺下休息去。這時孔子忽然抱住我說：「剛才真的多虧有你！不然，我也不知道怎樣下來呀。今晚就獎你吃飯吧。唔⋯⋯看你這麼髒，我先幫你洗個澡再出發吧。」說罷，就被他拉到河裡去，他塗了一些香香的泡泡在我背上，又找塊小石頭幫我抓背。

原來這樣浸浴真的好舒服啊！

從沒人對我這般好

他洗著洗著，忽然大喊出來：「哇！好多蟲呢！是什麼來的？」

我回頭一看：「難怪最近背脊總是癢癢的，原來有一窩吸血蟲（牛蜱）在咬我！」

孔子接著說：「這蟲的樣子好恐怖呀，別怕別怕，我今晚幫你一隻一隻慢慢抓出來。哈哈哈，我大概是傻了，幹嘛跟一隻狗講話？」

我聽懂的，我聽懂的！

嗚！他對我真好，連吸血蟲也願意幫我抓，從來都沒人對我這般好……我決定不管他上山下海，我也跟著去！

台灣的小吃很好吃！

當天晚上，孔子帶我走到民宿去，買了一份雞扒和肉丸湯。雖然肉丸湯有點燙，但雞扒味道鹹鹹的，實在是人間美味！難怪人類總不肯讓我吃他們的食物，只給我無味的骨頭和餅乾我，實在太自私了！

晚飯過後，孔子果然說到做到，真的幫我把吸血蟲一隻一隻拔出來。抓著抓著，他居然說要替我改名字，然後我們才可以做朋友。他說不知道名字就交不了朋友，真是讓人莫名其妙！

不知道名字就交不了朋友

真是讓人莫名其妙！

孔子邊抓邊說：「叫你 RAMBO 好不好？你剛才在懸崖邊也不會畏高，應該要配型格的名字。」

慢著！RAMBO 是什麼東西？

他看我沒反應，又接著說：「怎麼啦，不喜歡？嗯…… 可能你想要女生名字吧……那叫你『小花』好不好？」

小花太娘了！我不要！

真是讓人莫名其妙！

只給我無味的骨頭人類實在太自私了！

孔子又說：「這個也不好吧？我跟你說話時，這樣別人會誤會我有個女友叫『小花』，改名字真令人苦惱。既然你愛吃雞排和肉丸，我們又在台灣……台灣最著名的就是小吃，不如就叫你『小吃』吧？」

我想了想：「『小吃』？好呀，再來一份！」就這樣，他就一直叫我「小吃」，當我以為每次他喊『小吃』時也有好吃的東西時，他卻不再給我雞扒和肉丸湯了。

1.3
不再讓我孤單

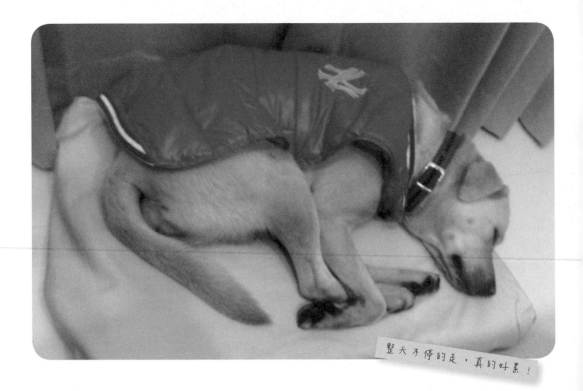

整天不停的走，真的好累！

目的地，終於到達了！

我們一狗一人，經過 9 日 9 夜披星戴月的趕路，終於抵達了台北，累死了！可是，孔子的樣子一天比一天沉重，還悶悶不樂的跟我碎碎念：「讓我上網替你找一戶好人家，說不定日後會有大草地、大花園給你玩耍呢…… 我一年會回來探你一兩次，一定……」甚麼？莫非他不打算帶我回去？笨蛋！其實我從前每日一起床，飛身一躍就可以跳進大海裡游泳，世界上哪會有花園比我平時逛的公園還要大呢？

怎麼把我帶來動物醫院了？

這就是傳聞中的拘留所？

當晚他把我帶到一家喵星人和汪星人的拘留所！一眼望進去，就看到兩個喵星人被關住了，還有一個汪星胖子在被人強逼剃頭。

我說：「好恐怖呀！你帶我來幹嘛？」

孔子拍拍我的肩膊，安慰我說：「小吃乖乖，台北這裡沒有可帶狗同住的民宿，我們今晚要分開住。我答應你，明天一早就過來探你，好不好？」

「絕對不好！這裡的人會剃我的頭髮哦！別把我留在這吧，我又沒有做錯事……嗚……為什麼？」我哭著抗議。

拘留所長走過來，對孔子說：「這裡大狗住宿連洗澡護理，包一餐飯，一晚是 250 元」說罷，孔子就從袋裡掏了些紙張交給所長，揮著手向我道別，長長的背影留下的只有寂寞和失落。

被剃頭的胖子

那個剃完頭的胖子，隔住鐵窗說：「小妹，不用怕，這不是動保處，他們只是看管我們，不會殺我們的。」

「那為什麼他們要剃你頭？你犯了什麼罪？」我好奇的問。

胖子笑說：「我沒犯罪啊，只是我家主人覺得我剪了頭髮，看起會帥一點。你覺得呢？好看嗎？」

「看起來怪怪的。」我聳聳肩道。

「嗯……我也這樣覺得，不過每次他看到我剃完頭，都會很興奮地稱讚我，哄得我好開心，所以也沒所謂吧。只是我好想回到從前的身材，唉，回不去了，回不去了……」他接著說：「我家主人從前都會帶我跑跑步，但後來就越來越少時間留在家了。每天都早出晚歸，而我就越來越胖，腹肌都化成棉花肚了。」

幸好，孔子每天愛走路，我應該不會變成胖妹吧？不知道他現在怎樣呢？今晚沒有我在身邊保護他，會有危險嗎？

我要我們在一起！

翌日早上，孔子和幾個人拿著武器（攝影機），把我從拘留所救走，直接前往醫院去做身體檢查。雖然我不太喜歡那藥水味道，但孔子說只要我身上沒有晶片，就可以帶我回家，所以就算我沒生病，也被醫生打了兩針！

從醫院出來以後，孔子很開心的不停摸我的頭說：「原來你是沒主人的狗狗！那以後我就是你老爸，我們要一起回香港！不過，你張機票比我的還要貴，你可要乖乖的坐飛機啊！」

去香港？還得要坐飛機？不管了，反正去哪裡都是一樣，可以跟你待在一起就好，別再把我關在拘留所了。你昨晚不在的時候，我很擔心你會出什麼意外或者你不再回來，我就要孤獨一輩子。

答應我，不再讓我孤單。

TVBS 主播秦綾謙大力幫忙，我才能到香港去！

您知道嗎？

貓狗也移民！寵物移居香港要怎辦？

如果要從外地帶貓貓或狗狗到香港來，就得經過一連串的手續才行，以下說說我的經歷吧。

1 找獸醫做健康檢查，並填寫健康證明書。

2 幫狗狗打狂犬病預防針，需於出發前 60 日前注射，同時也必須植入 AVID 格式的晶片。

3 填妥漁農處的表格 AF240，費用為港幣 $432 元；如身處海外，可委託親友代辦，五個工作天後便可批出動物入境許可證了。

4 替狗狗買機票，航空公司會要求狗狗的飛機籠內齊備食水、食糧及毛氈，飛機籠的空間也必須足夠狗狗站立及轉身。

如果貓狗是從第一組別國家，即英、澳、紐、日等移民來港，只需填寫漁農處表格 VC-DC1，無需隔離檢疫。如果貓狗是從第二組別國家，包括歐美及台灣等來台，也只需填寫漁農處表格 VC-DC2，並附同表二 （表格編號：G102b），亦毋需隔離檢疫。

但如果貓狗是從第三組別國家移民來港，過程則較為複雜。貓狗必須在漁農署轄下的動物管理中，接受至少為期 4 個月檢疫，同時抵港時亦必須附同表三（表格編號：G102c）所列明的證書，以及填妥表格 VC-DC3 表格。至於預約檢疫設施，則須填寫表格 PC-100，建議你提早三個月預約。如從中國大陸入港，需填 AF301、PC100 及表格 VC-DC3 。

5 一切順利的話，主人就能在機場貨運站接機，迎接喵星人或汪星人回家了！

1.4
來港新移民

冷死狗了！！

終於到達香港了！

喂！陌生人，你盯著我家幹甚麼？

轟轟轟…… 終於著地了！剛才那裡真是冷得要命！為什麼人類買平宜的機票還有飛機餐吃，我的機票貴幾倍，卻要待在冷凍倉？差點就變凍肉了！在機場辦完移民手續，老爸就把我直接從貨倉接回家去。

初見我的家人！

一開門就有幾個人來迎接我，原來是嫲嫲和大伯二叔！聽嫲嫲說，家裡多了新成員，就要拜拜保祐我健康，還有準備肉肉大餐給我，爽哦！看來她比老爸還要疼我！

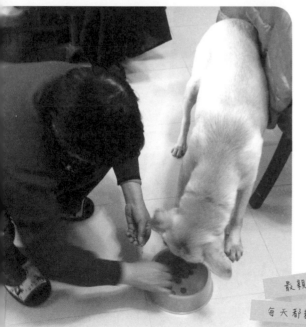

最親愛的嫲嫲！

每天都給我肉肉吃～

我偷吃是基於環保哦！

保安娛娛，我也有幫忙看門口的！

勤奮工作為買肉？

自從來到香港後，我們不再需要趕路，可是老爸每天一早便拿著公事包跑出去，一直待到晚上才回來。他說要多簽些合約才有錢買肉肉給我吃。原來香港的肉金是這麼貴，但為什麼我們家每晚都有剩菜要倒掉？記得有次，我趁家裡沒人的時候，跑去撿他們吃剩的肉肉，原以為可以減少老爸的負擔，結果連平時最和善的嫲嫲都大聲罵我不對，責怪我偷吃。明明就是你們自己倒掉的，我們汪星人可是絕不浪費食物，即使有時掉到地上、沾了些泥塵，我也覺得挺好吃呢。

這也不准、那也不准？

晚上跟老爸外出散步，他總是鬼鬼祟祟地先繞公園走，看看裡面有沒有人才敢進去。起初，我還以為這是香港特色的狗狗捉迷藏，直至有次公園大媽看見我們，不但大聲呼叫「有狗！不准放狗！」，居然還揮動掃把驅趕我們，老爸還能不慌不忙地撿走我的便便才急急逃去，免得被她們拿回去深入研究。後來我問了鄰家的小貴賓，才知原來香港大部分公園，狗狗是不能內進的，至於商場更加是禁地，彷彿香港的汪星人一輩子都要過著偷偷摸摸日子！這跟台灣相差太遠了吧？以前我和老爸不但可以徒步繞了半個台灣，還可以一起住民宿、泡溫泉、坐火車，甚至還逛西門町購物呢……

成功逃離大嬸的追捕後，老爸就上氣不接下氣地跟我說：「小吃，我答應你，我會帶你去香港不同的地方玩，好不好？」當然好啦，每去一個地方，我都可以撒泡尿尿、佔佔地盤。呵呵！早晚整個香港都是我的了……

假期跟家人四處遊玩，是最快樂的！

老爸跟哪裡去了？

霸氣的老爸

就在我們想得意忘形時，對面剛好有一對夫婦拖著小朋友路過，那個阿姨看見我，就馬上把小孩拉到身後說：「嘜，你再不乖，我就叫隻狗咬你。」小朋友聽後卻不理會，反而伸手跟我打招呼：「汪汪！汪汪！狗狗你好得意！」阿姨立刻緊張起來，一巴掌打在小朋友的手心說：「傻的嗎？狗沒性的！牠真是咬你的話，你就慘了！」這時，連平時沉得住氣的老爸也忍不住了：「大嬸，我家小吃是吃牛扒和羊肉飯，對你的小孩沒興趣的。」阿姨聽到後頓時發難：「哼！牠是畜牲來，我怎知道牠什麼時候會發狂咬人？你又不幫牠戴口罩，想嚇死人嗎？」老爸冷冷的回話：「你戴返口罩先啦阿姐。我怎知道你什麼時候會看我不順眼，會動手打我？難道我可以說你的樣子嚇怕我嗎？」說罷，阿姨就拿起手機說要報警，她老公趕忙按住她：「別煩啦，我們趕時間。走吧，走吧……」

嘩！老爸第一次為我出頭，好英勇！

雖然這城市對汪星人不太友善，但是有老爸在，我就不怕了。

我老爸有時真的挺帥氣！（尤其是在給我肉肉時！）

您知道嗎？

誰說汪星人不能住在公共房屋？

俗語有云，各處鄉村各處例，等小吃同你分享香港、台灣和新加坡在公營住宅的制度。

	香港	台灣	新加坡
公營住宅的名稱	公共房屋	國民住宅	組屋
有關法例開始生效期	2003 年 9 月	2014 年	
規條	維持不准在公屋養狗，容許租戶飼養細小家庭寵物。 例如貓、雀鳥（鴿子除外）、倉鼠、龍貓、葵鼠、兔子、烏龜、水生動物等。 如欲養貓的租戶，必須安排貓兒預先接受絕育手術。	早期的國宅租賃契約是禁止養寵物的，但在 2014 年開如有條件式地開放，如在簽約時會規定寵物不得具攻擊性、吠叫、產生異味等。	寫明住戶可飼養該署所准許的狗隻種類，包括唐狗、芝娃娃、貴婦、德國狩獵㹴等 62 種。每戶可飼養一隻認可的狗，主戶亦可養兔、魚、倉鼠等其他動物，但該署就擔心貓隻毛髮會引起其他住戶敏感及貓叫聲難以控制，因此禁止養貓。
特點	不准養狗。 可養貓、兔子等小家庭寵物。	都可以養	不准養貓。 每戶可飼一隻所准許的狗隻種類養狗，種類包括包括唐狗、芝娃娃、貴婦、德國狩獵㹴等 62 種。
違反規例的罰則	立即扣 5 分。住戶在兩年內累積被扣分達 16 分，其租約 / 暫准證可被終止。	早期將終止租約。 2014 年開如有條件式地開放。	可被終止租約。

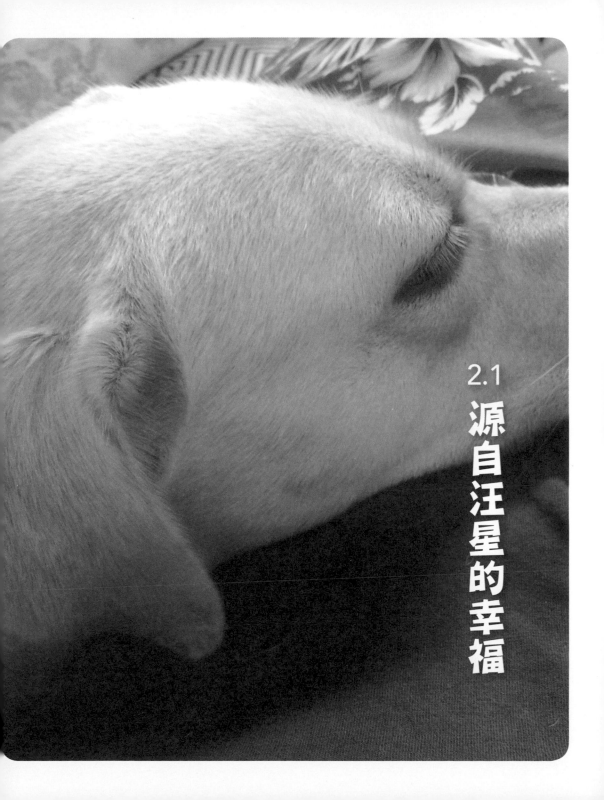

2.1
源自汪星的幸福

好悶呀！
好想去識朋友呀！

汪星人最大的特點就是喜歡交朋友，因為在汪星球裡，朋友都愛無私地給對方自己最好的一切。

可是我來到香港後，一直都只是跟老爸待在一起，真是「在家靠老爸，出門沒朋友」。所以我偶爾也會在老爸面前裝悶，趴在門口，等鄰居下班回家跟我玩。

第一次汪星人聚會

有天，遲緩的老爸彷彿明白我的意思了：「小吃啊，是不是整天待在家裡，感覺很無聊？不如我們約朋友一起去爬爬山？」不知道為什麼，老爸老是喜歡去爬山？不過難得第一次舉辦汪星人聚會，我當然是舉腳贊成啦！

好不容易等到那天，一起爬山的朋友出手都很闊綽，每次跟我打招呼和拍照時，都給我一堆肉肉，像 teen 姐姐不但給我肉金，還送我一瓶可以咬的酒。不過，收穫最豐富的不是我，而是老爸呢。他就是因為我才認識老虎，她看我在香港沒什麼汪星朋友，就約我和老爸出來跟她家的阿仔玩。她說阿仔跟我的樣子很相似，一定要介紹給我認識。

多啲去行山，自然有我咁精靈！

我就係阿仔喇！

甚麼？誰說年紀大不可以叫這名字？

接下來，老爸便帶我去老虎家去玩。一進門，看到原來的「阿仔」並不是仔仔，而是伯伯來……呃，還好啦，他尚算是「靚佬」一名。他熱情地跟我打招呼：「歡迎你啊！我就是阿仔。」

我聞聞他說：「你好！我是小吃……咦？怎麼你身上有喵星人的氣味？」

他眯著眼笑說：「呵呵。我們家還住了兩個喵星人，他們的乾糧很好吃的，你要不要試試看嗎？」

嘩！那我就當然不客氣啦。我一邊吃，一邊問阿仔：「怎麼你主人要安排我們見見面呢？」

反撮合聯合行動！

阿仔拉我到一旁，悄悄的說：「地球人很老土的。我家主人想幫我找個女朋友，她覺得你剛從台灣過來香港，應該沒男友，所以就這樣安排囉。」什麼？相親這活動，早就在汪星上絕跡了，原來地球還有這東西……地球人實在太不可思議了。

阿仔接著說：「其實我推崇單身主義，我在這區是有名的王老五，一直以來都有不少追求者。不過，我看我家少主人平時宅在家裡，難得她帶朋友來探我，倒不如我們裝作很投緣，然後作狀要求再見面，順水推舟來個『反撮合』，你覺得怎樣？」

我回頭看看老虎，她很喜歡給我零食，怎樣想也應該是個大好人；況且她家裡還有很多喵星乾糧，就算反撮合失敗，我也可以吃個飽。所以我就答應阿仔說：「好吧，反正我老爸常常一個人沒事幹就帶我去行山，動不動就爬幾百米。希望他不會笨到約你的女主人去行山吧？」

抖吓曬太陽仲好喇！

點解您唔去游水呀？

小吃在香港的第一次

就這樣，我和阿仔反撮合行動就展開了！首先，我們相約了初夏去游泳，製造機會給他們。
在行動裡，我呆呆地看著大海，說：「阿仔，這次是我第一次踏足香港的沙灘呢，感覺有點
像回到屏東一樣。」

阿仔問：「那香港的沙灘，跟你家鄉的有分別嗎？」

我望著他笑笑說：「當然有，這裡還有人在烤肉呢！我家鄉的海水比較乾淨，所以我跳進水裡，常常也抓到魚吃。」

阿仔搖搖頭：「香港這裡好多人釣魚，搶走了我們不少魚肉呢。咦？你老爸好像遇溺，要去救他嗎？」

撮合大成功！

我尷尬地說：「不是啊⋯⋯只是他游泳的模樣跟遇溺差不多。唉，這個老爸，叫了他多少次不要下水又不聽⋯⋯ 看！你主人已經『救』起了他，我們可以躲一旁休息一下。」

阿仔躺在沙灘上說：「看來我們的計畫進展很順利，不用多久就成功。」

因為愛，所以幸福

難怪人家說「有媽的毛孩像個寶」，自從老爸開始約會，我出去玩的機會就多了，零食還有雙份，賺翻了！自始，常常會看到他們周末帶我去四處走的笑容，還有好多地方老爸以前都沒去過。有時候，他們為了找尋能和我一起吃飯的餐廳而費神，最後一起坐在路邊攤，雖然狼狽卻滿足的樣子，實在很窩心；有時候，他們爭吵後不理對方，卻一個幫我抹手，一個替我擦腳，再摸摸我的頭，然後互相擁抱，每天的點滴都記錄在我的幸福印記裡。

2.2

汪星號重新啟航！

足足 500 米呀！真是太累了！

終於找到水了！好涼快呀！

「夕陽無限好，只要有毛孩。」

不知道有多少汪星人，試過跟爸媽去看日落呢？記得我們第一次在香港看日落，就在獅子山頂，因為老爸說那裡是香港精神的發源地，說我這新移民一定要去體會一下。結果⋯⋯我們爬了將近 500 米高才到，真是累死狗了！

香港十景！

那次之後，老爸發現汪星人在夏天爬山時，其實很容易中暑的。第二次再去看日落時，他就改了帶我坐車去下白泥，還說那裡看日落是香港十景之一，說一定要帶我去看看，怎麼又是這一句？

我們從市區坐車進去，坐了沒多久，正當我剛開始享受著涼風從車窗外迎面吹來之時，老爸突然便說：「師傅，我們就在這下車就行。小吃啊，我們又去爬山嚕，很期待吧？這次會輕鬆好多，我們走路過去，兩個小時不用！」

我心底裡打了個顫抖：「什麼！？又要爬幾百米？其實……我們坐在車上兜兜風也挺好的嘛……」

老爸下車就對虎媽說：「你看，小吃多喜歡爬山！一直在笑。」

「……」

老爸總是傻乎乎以為我在笑，其實我是在喘氣啦！還好那時正值春天，天氣還是涼快，看在老爸一心一意帶我來，我當然是樂意奉陪。從良景村走到下白泥，原來大多都是平路，挺不錯！我們很快就到達目的地了。

你們總不明白泥漿有多好玩呢！

泥漿比賽開始

嘩！好大的一片濕地啊！我好久沒有玩泥漿了！難得老爸沒有理我，當然要在狂奔一段，
然後跳進泥漿裡泡一泡！這麼大的「田徑場」就只有我一個汪星人，如果有其他狗狗在，
說不定可以來一場泥漿競賽呢！

玩了一個多小時，天上的鹹蛋黃也漸漸落入海裡，老爸就開始憂心忡忡地說：「嘩！小吃，
你玩到一身也是泥，待會怎樣上車呀？來，我們找個地方沖沖身再叫的士吧。」

太陽別下山去！還沒玩夠咧！

夕陽無限好…因為它很像一塊肉肉！

沒車肯載我們！唯有再等吧！

為甚麼要拒絕我？

他走到附近的寺廟外借用水喉，幫我沖走身上的泥巴，就和虎媽在路邊截車去。好不容易才等到有的士，我一上車，司機就不屑地說：「喂喂喂，幫隻狗戴個口罩啦。」

老爸冷靜的回他：「法例只規定狗隻外出需要拖繩。戴口罩的話，她呼吸會很辛苦。」

司機頓時黑臉：「那我不載！我要下班交更。」

虎媽正要開口發難之際，老爸居然搶先道：「師傅！我的狗很乖，不會騷擾你開車。而且，我們已經坐在車上了，咪表也跳了，你現在拒載是犯法的。」

司機冷淡地回答：「好，那你就報警囉。」

老爸毫不猶豫地報警，我以為這種事情一般只由虎媽出手，沒想到平時溫和的老爸，也可以為了我這樣剛強⋯⋯

我哪裡很危險？

過了不久，警察來了。交通警了解經過後，竟然跟老爸說：「先生，你的狗是危險狗隻，一定要戴口罩。」這時虎媽也按捺不住了：「警察先生，你憑什麼說我的狗是危險狗隻？你知道是哪條條例嗎？哪些是危險狗隻？明明小吃就只是一隻台灣犬混拉布多。」他們就這樣喋喋不休地爭論，其實這時我已經很累，乾脆就趴下來休息去。

警察錄了口供後，就讓的士離開了，可是我們卻被遺留在下白泥吃北風，一直都沒車來。就在這徬徨無車的時候，我們看見一輛私家車停下來，司機伸出頭來問道：「你們要去哪？這裡很偏僻的，不如我車你們去市區吧。」車牌 SOLOMAN 的司機夫婦，看來對我們汪星人很友善，還不介意我一身泥巴，真是好人！後來，聽虎媽說，那個交通警的上司打來道歉了，說誤會了我是「危險狗隻」，其實我也不明白「危險狗隻」到底是什麼。聽過汪星前輩說，鬥牛梗、土佐那些都是特種戰士，是以前汪星派來幫人們爭地盤的。

很懷念的下白泥

自從發生拒載事件後，我們再沒去下白泥看日落了。直到前陣子，老爸興奮地抓著我說，說要跟我和其他汪星人一起坐巴士去下白泥，我也莫名其妙的，有能讓狗狗坐的巴士可以去下白泥嗎？

到了出發那天，我就問狗狗巴士的站長：「不是說香港的車都不載汪星人嗎？我們之前就試過被的士司機趕下車……」

站長點點頭，笑著說：「小妹啊，這裡差不多所有汪星人都試過被拒載的。我們今天坐的狗狗巴士，是專為汪星人服務，每周都可以帶我們去不同景點玩。」

就這樣，我們一行 40 多個汪星人和主人們坐著汪星號重返下白泥，那天有的在沙灘開食物派對，有時去玩泥漿競賽，有的去海邊抓蟹，一直玩到夕陽西下才回去。能有這樣的狗狗巴士，實在太好了！

您知道嗎？

汪星人外出交通的苦惱！

不少朋友一直以為老爸會開車，所以港九新界離島上山下海都能帶我去…… 其實他不單不會開車，還不一定認得路，哼！我們每次出去前的幾天，他都要花時間安排運送我的交通工具。尤其是路途中若需要經過港鐵站管理的地方，又或是對汪星人很嚴謹的私人地方，老爸便可真頭疼啊！

靜靜地告訴你一個秘密，有一年老爸帶我去星光大道慶祝聖誕，四處都是保安與警察，他居然一聲不響、靜靜地拿出墨鏡，然後便一步一步慢慢地在海邊走著…… 好孩子千萬不要學哦！在香港，的士可以乘載汪星人，對於體形比較大、或者剛剛遊山玩水後的汪星人，不少司機都不太願意接載的。平常老爸不時帶我坐狗狗巴士，說要支持私營的汪星運輸，更重要是幫我認識帥哥啊！

推薦的交通選擇

1 　Dogistic 一寵物流

是汪星專用的私家 7 人客貨車。汪星人可以在車上亂跑亂跳，即便是不小心嘔吐了或大小便的話，開車的哥哥姐姐都不會罵我們，更有斜台方便寵物車上落，還有寵物專用的擔架設備，可以說是汪星豪華專用車。同時，正因為是寵物專用車，一車多汪星人也可以，也不會增加車資，保證一視同仁啊。

2 　99van

是汪星友善的客貨車。相比其他客貨車公司， 99van 不會對第一位上車的汪星人收費，也比較理解汪星人。不過根據香港法例，召喚客貨車一定要攜帶貨物，這點大家要多加留意啊。

3 　狗狗巴士／Kakato 卡格寵物巴士

由私人公司經營的寵物巴士服務，多只在假日或特定活動中接載汪星人到某些熱門地點，例如赤柱廣場、西貢夏日游、南生圍、鰂魚涌寵物公園、彭福公園或山頂公園等。好處是讓汪星人集體出遊，多認識新朋友。有時候，天氣或節目安排不一定理想，所以各位汪星人和家人要妥善安排。

出發囉！目標是罐罐和肉肉！

認識新朋友！小吃巧遇導盲犬！

肉肉罐罐大作戰！

在台灣流浪的時候，我一直沒機會參加台灣的汪星高峰會議，沒想到來香港之後，老爸幾乎每年都帶我去參加。記得老爸第一次帶我去灣仔會議展覽中心時，我倆簡直像鄉民出城，會場內不但有各式各樣的汪星人衣服賣，還有汪星人奧運會，跑得最快的汪星人會有肉肉作大獎！不過，這些都不是我最關心的，我一進場就盯緊自助餐區，那裡有乾糧和罐罐無限量任吃！

今年情人節，老爸在毫無計劃下找我做擋箭牌，說帶我去灣仔寵物節就當作約會，虧他想得出這種活動。不過有機會大魚大肉，又可以買零食，我自然笑笑口，跟他們出去做電燈泡。

這個也挺香的！是甚麼肉來？

小姐！請拿這個給我嚐嚐！

拜託！那個也給我一點可以嗎？

乾脆爬上檯面試吃

為了吃，我自然不是省油的燈！有時乾脆爬上展覽商的檯子上，好幾次還把人家的肉罐吃光光。不知道我超能吃的旁人，可能還以為是老爸虐待我、平常不給我吃飯呢，嘻嘻！

難得我在台灣流浪時訓練了一身好本領，最厲害的表演自是一口一罐，完全不用咬就吞，夠厲害吧？

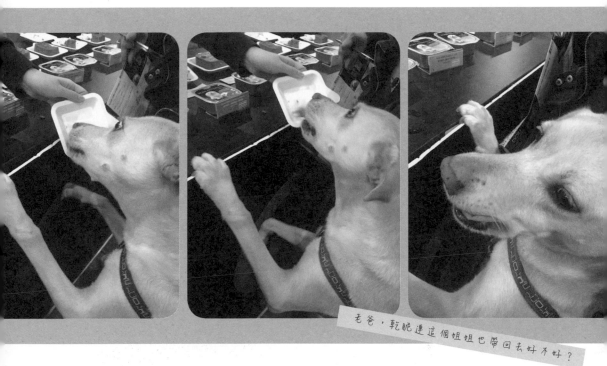

老爸，乾脆連這個姐姐也帶回去好不好？

會議其次，吃才是重點！

「小吃，你已經吃了好多啦。」老爸皺著眉說。他根本不明白自助餐的定義，自助餐的精髓就是要吃到飽、吃到跑不到！你想想人家在流浪的日子，兩三天才找到一頓飯吃，現在能多吃點就多吃點嘛！

「小吃，吃太多會變胖妹的！」頑固的老爸還在喋喋不休。

站在一旁的推廣姐姐，急忙為我申辯：「這種是羊肉，無穀物，對狗狗健康非常好的。吃多了也沒問題，現在訂購有優惠啊，你要買一些回去嗎？」

小吃快停！你越來越胖了！

機會難逢哦！別管我啦！

替我全部包起來吧，老爸快付款！

那位姐姐還沒說介紹完，老爸就急忙把我拉到汪星美容店鋪，買了些洗髮水、洗耳水給我，說要回家幫我做 SPA。雖然老爸平時忙著工作，但是幫我洗澡梳理這種貼身事情，他總是親力親為。

孔子：「哇，原來台灣有鹿肉燉湯鮮包，我都沒吃過鹿肉呢！小吃你要試試嗎？」

我：「嘻嘻，真知我心意…… 讓我蹺蹺手哄你買吧。」

孔子：「老虎你看，小吃一聞到鹿肉就裝萌了，不如買幾包回去獎勵她？」戰術成功，進帳不少。

你的眼裡就只有品種？

我們逛著逛著，就走到汪星人領養處，好多汪星 BB 都在等他們的主人領回家。

「你的狗很可愛啊。毛色都呈黃金色，是什麼品種？是金毛尋回犬嗎？」旁邊的大叔搭訕。

老爸禮貌地說：「不是，她是台灣犬混拉布拉多，她叫小吃。」

大叔聽罷冷冷地答：「哦…… 那即是唐狗？我想領養純種的金毛或柴犬，你知道這裡有嗎？我原本也打算用買的，不過如果有得領養就領養吧，畢竟也是生命。」

老爸指著裡面的汪星 BB 說：「他們也一樣很可愛的，可以從小養到大。唐狗也比較健康，比較少遺傳病呢。」

沒想到，原來 Shopping 真的好累呀！

大叔繼續說：「這些流浪狗很難教，哪有像你那隻般乖。我聽人家說，流浪狗在家裡會吠個不停，還會在家尿尿，又會咬爛屋企的傢俬，麻煩死了。」

老爸冷眼的看著他：「我家小吃就是流浪狗！她從未在家吠過或者尿尿，更不會咬爛東西。我覺得，是狗像主人……」老爸還沒說完，大叔轉身就走了。

我著實不明白，為什麼大叔會這樣看我們汪星人，其實每個血統的汪星家族都有不同的性格、不同的習慣，但就沒有不好的汪星人。

您知道嗎？ 汪星高峰會議有甚麼好玩？

汪星高峰會議（香港寵物節），是毛孩界每年最重要的放題大日子！通常每年 2 月份舉行，我跟老爸已經參加了 3 次，每次也滿載而歸哦！除了不停的試吃、認識同行的汪星人和聚聚舊外，更重要的是趁高峰會議，買多點新奇東西回家！

毛孩同行，該注意甚麼？

行程預備篇

會議通常舉行 3 天，第一天多是星期五，活動由中午開始，我就最喜歡在第一天就參加，因為能分配到的糧食最多，也不用排隊，好吃的東西選擇也最多。不過，也有像剛才文中說的那種情況，雖然那天是星期六，但因為是 2 月 14 日情人節，參與的汪星人也就相對比較少哦！

活動篇

1. 抽獎

項目的禮物非常吸引，記得在入場時就填好資料、一邊參與高峰會，一邊尋找抽獎箱的地點，說不定有意外收獲，嘻！

2. 場地地圖

除非是使用免費票，一般購票入場會連同一張大大的紙，那就是優惠券啊。如果剛好是拿免費票，就在到場地四處找找，很多家長都會丟掉，廢物利用最好！

3. 票尾做慈善

好像是從去年開始，票的另一部份（不是抽獎那部份哦）可以作為慈善捐款啊，大家最好先決定捐款給那個真的能幫助毛孩的組織，再放到他們的收集箱，幫到一個得一個吧。

交通安排篇

留意一點，因為會議場地不許汪星人由正門出入，只能手抱或由後門進出，所以大家最好不要帶寵物車了。老爸通常會跟我乘坐大會提供的出租巴士到達現場，建議大家在上車前先上廁所，因為場地那裡沒有可供方便的地方，而且同行的爸媽記得帶備報紙和清水，以便清理嘛！

離開時，展場那裡不容易找到適合的交通工具，建議大家早點預約車子，以免白等或受氣啊。老爸有時也會預約小型客貨車，反正每次也是滿載而歸的。記得，預約時先跟司機說明有毛孩啊！

裝備篇

最好帶備大背包或數個環保袋，用來裝載免費贈送的狗糧、及往往很大瓶的洗澡水或牛奶。別忘了，爸媽的手還要拖著我們，帶背包就最方便。也要自備飯碗，試吃機會太多，乾淨至上嘛。

小吃最愛！汪星高峰會必備戰利品：

1. 台灣即食餐

吃餅乾實在好悶，我最喜歡家鄉做的即食湯包和飯餐，尤其是湯包啊！這種湯包已經煮過，又沒有罐罐那麼鹹，我超喜歡的！

2. 毛孩牛奶

汪星人不能喝普通牛奶，街外買又很貴，老爸某年發現了這種汪星人專用的牛奶，從此當我不願意吃飯或吃藥時，老爸就會加奶啊，超讚呢！

2.4
家有一寵 如有一寶

為甚麼大清早就這麼吵？

「喂喂…… 明明今天是星期天，我們昨晚 11 點多才出去跑步，怎麼今天還沒到 9 點就要起床？這麼勤奮完全不像你呢……」

這個老爸，一大清早就在客廳裡翻箱倒櫃，又到嫲嫲房裡拿東西。糟了！難道又要去台灣環島？先不管他，起來先吃個早餐再補眠。咦？我又沒有眼花吧，早餐是雞柳？太棒了！

甚麼？我們要離開慈雲山？

最後的早餐？

好！先跟老爸撒撒嬌，用頭頂他的手，然後再親切地舔舔手，希望這頓早餐可以變成我以後的常餐吧？每天都有肉肉吃就好了。可是，老爸對我的要求毫無反應，繼續收拾。看見老爸拿著我那件絕版的林書豪球衣，和乾媽送給我的狗帶，連我的三文魚零食都拿出來了。嗯，這些都是我的最愛，充滿了我的味道呢。喂喂喂，你千萬別碰我的東西啊，不能拿去送給其他狗狗啊！

孔子：「 小吃，乖啦。吃完最後的早餐，我們就要離開慈雲山啦。」

哦？去哪裡啊？ 我才剛認識了其他朋友，這麼快就要搬走？我們要移民回台灣嗎？

老爸摸摸我的頭，雙眼濕濕的，看來他自己也不想離開。雖然我整天都發著夢，想要回台灣去，但我才剛剛適應了香港生活，又認識了樓下的陳伯伯、鄰居肥仔跟他家裡的尾尾貓、度假屋的小丸子，真捨不得啊。

孔子：「我知道你捨不得，我也住了慈雲山十幾年，怎不了解？但真的沒辦法啊，最可惡的就是那些職員，無緣無故在走廊裡播放狗狗叫聲……沒辦法，因為你住在這裡會被扣分。」

奇怪的叫聲

我記得啊。前兩天吃飯飯的時候，我就聽到有奇怪的狗叫聲，我從來都沒有聽過機器狗的聲音，所以我才罕有地回他們兩聲。其實，我這一年來都沒有在家裡吠叫。老爸，如果要扣分的話，我們一起去補課，拿回幾分好不好？

老爸搖搖頭，又繼續收拾東西。

我只好走到門口，跟小胖子家的尾尾貓訴苦：「尾尾貓，我明明沒有隨地吐痰，也沒有吠叫，也沒有到處大小便…… 我有甚麼做錯了嗎？我可以不搬嗎？最多，我跟他們道歉啦。上次我偷吃生內臟，也有跟嫲嫲道歉啊，她也原諒我。 」

誰叫你不是貓呢……

尾尾貓，我不想離開這裡哦……

在這裡，我可以偶爾跟小朋友一起玩耍，很愉快嘛！

以後要很久，才能回來探陳伯一次了……

我們有分別嗎？

尾尾貓伸了一下懶腰：「你再乖也沒用，因為這裡是公屋。要是你老爸不遵守規矩，繼續養你，那全家人就不能再住在這裡啦。」

我不服氣：「不公平！那為甚麼你又可以繼續住？」

她繼續說：「我住在這裡快 5 年了。聽說公屋是可以養喵星人，何況我又不像你，我才不想去街日曬雨淋，窩在被子尿尿多舒服！」

「那你可以幫我告訴樓下的陳伯，我要搬家了可以嗎？他之前請過我吃蛋糕的。我怕他一個人會見不到我會悶。」

終於搬了新家了，只要跟孔子一起就沒關係！

尾尾貓搖搖尾說：「他現在養了小叮噹，每天都陶醉在清理貓砂裡頭，不會再想起你的啦。對了，我是不會想你的！」

孔子：「小吃，你別跑到鄰家，快回來，我們要搬去可以養狗的地方居住了。放心吧，我會常常帶你回來探朋友。」

就這樣，老爸帶著我搬出來。沒有了嫲嫲的煲湯肉，沒有了二叔的三文魚刺身，真的很不習慣，但最不習慣的是，新的地方沒有了我和家人的味道。不過，無論住的地方是戶外還是室內，屋子是大還是小，有老爸的地方就是我家。

不過，無論住的地方是戶外還是室內，屋子是大還是小，有老爸的地方就是我家。

在公屋裡生活的法規

相比新加坡容許汪星人居住在公屋，居住在台灣和香港的汪星人就比較可憐了。當年在台灣的時候，就聽說過國民住宅有兩種，一種嚴禁汪星人居住、另一種就是有限量的放寬。至於具體的法規，小吃就不得而知了。

至於香港公共房屋，一直來說都不容許汪星人同住，只是我跟左鄰右里一直也相安無事，所以就一直快樂無憂地生活。直到房委會的人在走廊播放汪星人的聲音，試圖引誘我說話！但我本來就很安靜溫柔嘛，平常也不太說話，所以此舉也是徒勞無功。

早出晚歸的生活

不過，有次他們防不勝防地造訪，這次老爸就給逮到了，從此我就開始了「早出晚歸」的生活。聽老爸說，房屋署規定了汪星人必須在早上 7 時前就要上街，還有晚上 9 時後才可以出去，避免影響其他住戶。後來，老爸說怕我變成貓頭鷹型的夜行動物，就乾脆搬到別的地方去了。

幾個月前，有汪星人朋友告訴我，伙伴犬（companion animals）可以申請留在公共房屋居住，而且門檻也不高，只要住戶取得一個普通科醫生（即一般的家庭醫生）證明住戶有需要就可以了，不一定需要什麼專科、心理或精神科醫生的證明啊。

不知道這種情況，什麼時候可以適用到故鄉台灣呢？

3.1
為人民服務的汪星人

說起汪星人的工作能力，應該是我們祖先傳下來給人類的禮物，像導盲犬、拯救犬、搜索犬，他們不但自小要接受訓練和刻苦的工作環境，而且大部分都貢獻自己九成的生命在工作之上，難怪香港人常說：「做到隻狗咁！」老爸也常問我，除了吃喝玩和睡覺外，我會做什麼？至於這個答案，我還在摸索中。

來了香港幾年，老爸怕我悶在家裡無聊，經常帶我去見其他汪星人。他說近朱者赤，雖然我不明白是什麼意思，但我知道今天認識的 Idol Sir、Micky Sir 和矇 Sir（Desmond）都是為人民服務的汪星人。

以往工作時，整天都要攀山涉水呢！

香港海關緝毒犬 - MICKY

Micky Sir 曾拿過香港傑出犬隻大獎的！

威風八面的工作犬！

一到埗，沒想到我還沒打招呼，Micky Sir 已經開口問我：「你好，我是退役警犬 Micky。 師姐，你是哪個環頭的？以前跟哪個長官？」

「Micky，你看清楚！人家好明顯是師妹啦！你的搭訕技巧有待改善哦。嗯，你好啊，我是 Idol，跟他一樣是警隊的。為什麼你這麼年輕就可以退休，是不是破過大案？」旁邊的 Idol Sir 搭嘴說。

哎吔！輸人不輸陣，我也不可以讓老爸失威的！我急急回答：「三位長官好！我是小吃，以前在台灣的海巡署待過一會，但沒有正式接受訓練。後來就跟老爸移民到香港，所以案件倒是沒破過。」

Idol Sir 繼續說：「那你要跟 Micky 和矇 Sir 取經啦！Micky 曾經拿過香港傑出犬隻大獎！矇 Sir 更加是我們百曉生，他知道很多汪星和人們的事。」

矇 Sir 笑了笑：「呵呵⋯ 原來是寶島姑娘。別聽他吹牛！我叫 Desmond，大家都叫我矇 Sir，就是眼矇矇的意思。台灣海巡的伙食好不好哦？我從前聽同事說，去那邊的汪星人不但有最高工時，還有領薪的！」

Micky 和 Idol 異口同聲地驚呼：「真的嗎？！好羨慕啊！」

我點點頭說：「是啊， 矇 Sir 真是汪星百曉生。台灣的汪星人每周工作最多 40 小時，但領薪這回事，聽我老爸說過，好像是油公司的小黑，就在阿里山那邊。對了，你們服役時的伙食很好嗎？我看你們都很壯健。」

Idol Sir 笑說：「哈哈！你意思是說我們三個都發福了吧？其實在警隊的日子，我們一天只能吃一餐，每天要想吃飯就得上班，所以我們聽到有最高工時都很羨慕。不過我們的長官都對我們很好的，下了班還會跟我們玩。」

Idol Sir 與 Idol 媽。

現在退役了，可以每天都跟爸媽一起玩耍了！

為了人類而辛勤工作

這時 Idol 爸叫喊著：「Idol，你們在欺負小吃嗎？ 你別老是找女生玩啦。來，老爸和孔子哥哥跟你玩拍照。」

「你們繼續聊，我先去逗他玩，免得他發現我們在開會。」Idol 就逕自走過去，纏住他爸爸玩你拋我接。其實我們汪星人有時也不理解，為什麼我們辛苦跑去把球撿回來，人們又要用力拋走它呢？有時候，我看見有些地方裡廿多人拼命踢走一個球就更不明白！

矇 Sir 看 Idol 哄得他老爸和其他人都很開心，就接著說：「看！人類多容易滿足！撿個球回來，就笑得很開懷。這汪星秘笈，小吃你要慢慢學哦。」

我靜悄悄問：「矇 Sir，你別介意…… 我看你只有一隻眼珠，是不是你的工作很辛苦、很危險？」

旁邊的 Micky 又搶著說：「他以前是海關爆炸品搜索犬，每天都跳上跳下的去聞炸彈。找不到就可能人死，找得到就可能狗死，你說危不危險？」

曚 Sir 從前是搜爆犬，現在主要的工作是玩拋捧了！

給人類幸福，會有回報嗎？

曚 Sir 呼一口氣，望望遠處，緩緩的說：「呵呵！小事
小事。這也是我的分內事，你和 Idol 以前也勇猛得很，
老是在街頭和山上巡邏，多威風。只是我老了，患了眼
疾，上水狗房的醫生替我拿掉了眼珠。唉，現在看東西
都朦朦朧朧…… 不過，福禍相倚，後來我媽媽也因為特
別心疼我，把我領養回家。現在，總算是有個溫暖的家。
足夠了，足夠了。」

退役後，也要多多運動才行呢！

我心想，矇 Sir 說得倒是輕鬆。我記得之前我斷了半隻趾甲也痛得要命，何況是一隻眼珠呢！Micky Sir 不禁感慨的說：「唉…… 其實我們三個都算幸運了。你說起上水狗房，我想起在那裡的日子就不好受。那時每次都聞到熟悉的伙記，但卻見不著牠們。有的說被領養了，那確實替牠們高興。但有更多沒有被領養的，我後來再也聞不到牠們的味道。」

我忍不住問：「那…… 他們去了哪裡？」

矇 Sir 正想開口之際卻不斷喘氣，癲癇發作，矇 Sir 媽和老爸合力搬他上車，原本約好爬山征戰金山猴子之旅也只好延期。

為人民服務的汪星人真偉大，看來我除了吃喝玩睡之外，我能做的就是像 Idol 一樣哄老爸和其他人，讓他們簡單的笑吧？

雖然缺了一顆眼睛，但無礙日常生活。

註：年初從矇媽口中得知，矇 Sir 已經成為小天使，到彩虹橋了。

您知道嗎？ 您也能領養退役工作犬！

曠 Sir 媽，是小吃最佩服和喜愛的地球人。她積極鼓勵大家領養退役警犬，希望大家能給他們一個幸福美滿的家庭，能感受無比的愛。

領養申請流程一覽

Step 1
先到警犬隊網站下載申請表格，填妥後以郵寄或傳真方式寄出。

a 表格上，共有 3 種犬隻可供選擇，包括瑪蓮萊犬、拉布拉多尋回犬及史賓格犬。由於瑪蓮萊犬活力充沛，因此警犬隊會優先考慮住村屋或家庭空間比較大的人作為領養人。如果你不介意品種，可以在申請表上面聲明。

b 除了退役警犬，也是未能通過警犬考試的汪星人，你也可以選擇領養他們哦！一般警犬退役年齡為 8 歲，而未能通過考試的汪星人，一般則是 2 至 3 歲。

Step 2
警犬隊收到表格，便會致電申請人作電話訪問。訪問過程不會查家宅或祖宗，所有問題都只是圍繞領養及汪星人，例如了解你有否養狗經驗等。一般來說，警犬隊的警察先生都非常友善健談的！

Step 3
通過簡單電話訪問後，警犬隊便會約申請人做家訪，同時要求申請人接受是否有虐畜案底的背景審查。家訪過程將拍攝申請人並作簡單記錄，負責家訪的多是警犬隊的領犬員，所以都非常了解警犬哦。

Step 4
通過家訪後，警犬隊便會約申請人到上水沙嶺的警犬學校，選擇領養的汪星人囉！

Step 5
最後步驟也通過的話，就可以迎接汪星人回家了！同日，申請人必須到上水漁護處做更名手續。辦完手續，就可以領他們回家享福啦！

3.2
愛的使命

汪星人很堅強，即使只有三隻腳，也會繼續奔跑，繼續哄主人笑。

幾個月前，老爸帶我去鰂魚涌，認識了一個新朋友 — MISSION。他是我在香港認識最特別、最堅強的汪星人，老爸形容他是汪星界的楊過！

那天在鰂魚涌寵物公園見到 MISSION 時，我也嚇了一跳！他居然用三隻腳跑過來，雖然前臂落地有點吃力，但速度一點都不比我慢。這時，老爸蹲下來，摸摸他的傷痕，傷心地道：「很可憐啊。這麼年輕就沒了一隻手，一定會很痛了吧？」

MISSION 馬上安慰老爸說：「叔叔，不用擔心！沒了手也沒關係，我還是跑得很快。」

「喂喂，他呆頭呆腦的，聽不明白的啦！我是小吃，你叫什麼名字？你是跟其他汪星人打架嗎？為什麼會斷了右臂呢？」我詫異地問他。

MISSION 坐下來，慢慢道：「哈，你爸是有點笨呢！我爸媽經常都聽得懂我的意思呢！我叫 MISSION，才不是跟汪星人打架啦。一年前，我在粉嶺玩的時候，不小心踏中一根很硬的繩索，本以為抽一抽手臂就可逃脫，沒想到我越用力爭扎，索帶就越緊，整隻前臂都肉裂流血了！結果，我痛暈了。醒來的時候我就在醫務所，那時右臂已經沒了。」

缺了一隻手，卻能用無限的愛去彌補！

我驚呼：「好恐怖呢！活生生的弄斷手呢！原來香港有這種陷阱⋯⋯ 這什麼年代了啊？還有人在打獵嗎！？」

Mission 接著說：「是啊，汪星的草叢沒有獵人的陷阱，可以很安心的奔跑。但這裡卻不是，所以你去玩時也要小心點。幸運的是我在醫務所遇到了我的主人，找到我的家了，所以活著就是幸福囉。」

我緊張地問：「那麼⋯⋯ 你們最後有找到兇手嗎？到底是什麼人放的陷阱？」

Mission 歎口氣：「其實我覺得兇手是誰不重要了。即使找到了真兇，我的手臂又不會長回來。我只希望，自己是最後一個因捕獸器而受傷的汪星人吧。」

遇到他，幸運的是我們才對！

老爸沒理我們的聊天，接連拍了幾張 MISSION 的照片，就問道：「那你們是怎樣領養 MISSION 呢？他沒了前臂，生活會不會不習慣？」

MISSION 媽笑說：「不會啊，他比我們更好動。當初我們就是看到 NPV 醫務所的網上呼籲，說有隻斷腳的小唐狗等被領養，所以就去了探望他，打算接他回家。沒想到他剛完成手術才幾天，就已經精神奕奕的迎接我們，真的比人們還堅強。」

老爸點點頭說：「是啊。他可以遇到你們真是幸運。對了，為什麼叫他做 MISSION ？」

MISSION 媽說：「他的不幸經歷已經成為傷痕了，我們希望牠可以用自己的生命活出使命，帶給其他人、毛孩一點正能量，所以就把牠改名作 MISSION 了。其實，最幸運的是我們，因為很多時候看到 MISSION 受過傷還活得很開朗，我們更沒藉口為生活瑣事傷感吧？而且，他即使是被捕獸器夾斷腳，一點也沒有怕人，還是很天真的跟人們玩。」

MISSION 聽到這裡不禁自豪地說：「呵呵！能夠帶給家人快樂，就是我的使命！喂喂，小吃！不如我們比一比，看誰跑得快？」

賽果是怎樣？ MISSION 答應我不告訴人的。

來！小吃，看誰跑得比較快！

愛是世上最大的力量

那天回家後，我就趴在老爸的大腿想著
Mission 男神。

到底要多大的愛，才能取代一隻腳呢？

愛是支撐我們最大的力量，也是汪星人的
使命…… 如果我只剩三隻腳的生活，又會
怎樣呢？我想，老爸會每天抱著我出門，
還會煮好多好多肉肉給我吧？

您知道嗎？

捕獸器帶來的危險

小吃從台灣到香港，一路走來經過的大多是郊外地方。如果大家到郊外時有細心留意，不難發現四周都有大大小小、不同形式的捕獸器。回想過去在台灣趕路的日子，如果被捕獸器所傷的話，可能小吃就不能為老爸帶來幸福了！

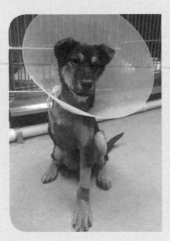
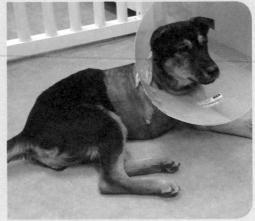

捕獸器的外貌不一，與其研究每種款式對毛孩的傷害，倒不如思索一下人類是否太自以為是、罔顧其他生命的權利吧？以文中的 Mission 為例，以下就是 Mission 家人的一點期望：

「Mission 本來是一頭流浪 BB，在位處新界的倉庫附近覓食及苟活。坦白說，我們也不知道他是在那一天出生。然而，在 2015 年 1 月 27 日前一週，機構的義工發現他誤墮漁護處的捕獸索而扯斷了前臂！機構義工及獸醫判斷他當時大概只有三、四個月大，他能夠在身中陷阱後撐過數天，已是非常難得！可惜，他的前肢已因肌肉及筋骨壞死，必須要被切除。不過，經過機構仝人的悉心照料後，我們便在 2 月 26 日當天收養了他，並為他倒推算一下出生日期，他應該出生在十月初，所以便順理成章地把「世界動物日」這一天當成了他的生日了。現在 Mission 已由一頭被人稱作「抽筋仔」兼耳仔耷耷的小毛孩，變身成為一頭英俊活潑的小朋友了！」

3.3 汪星元氣彈

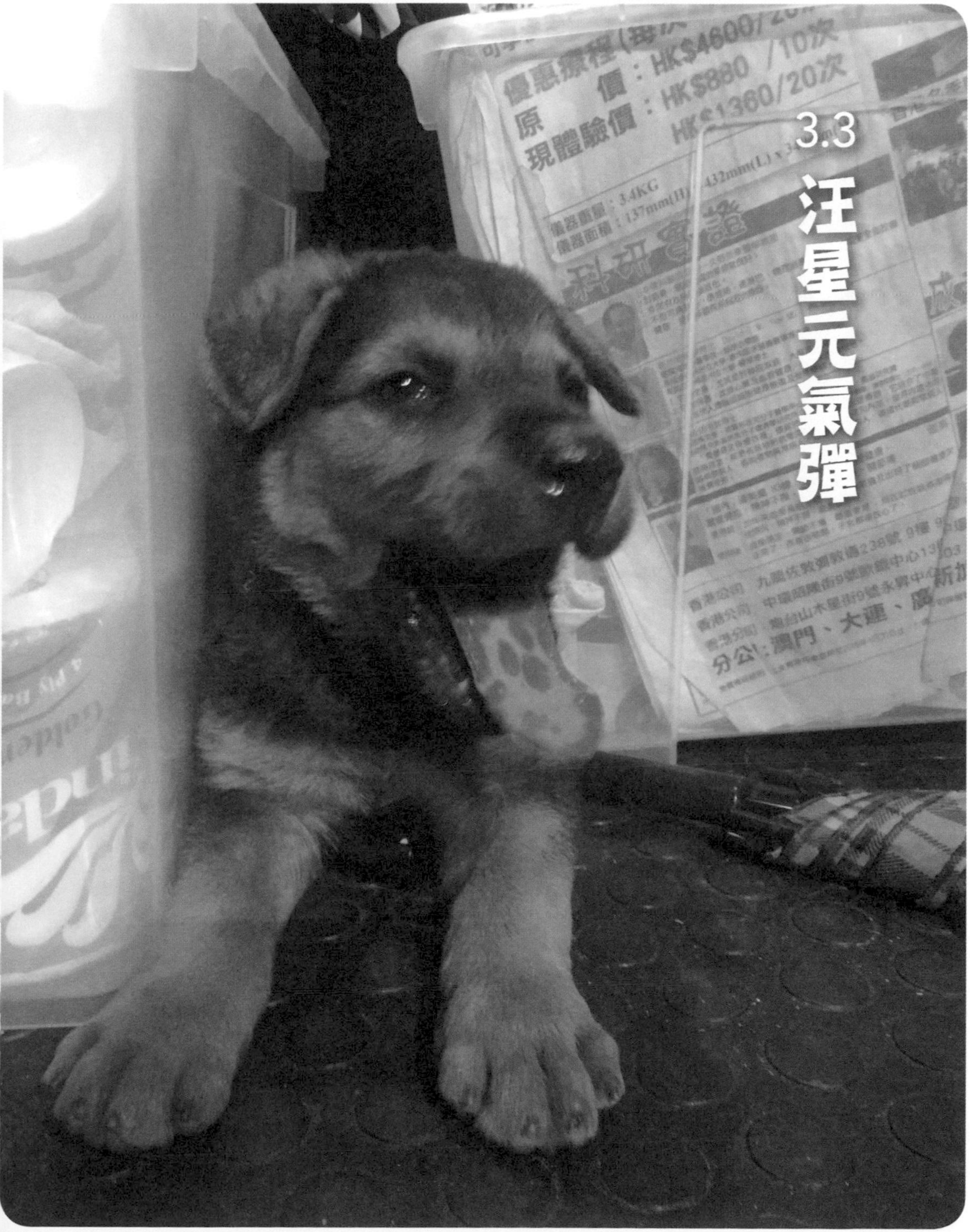

有天，老爸接了個電話，原來是二叔打給他：「我有個同事，在車場裡有 6 隻狗 BB，健康情況惡劣，隨時都有生命危險呀！你快在小吃粉絲團問問，有沒有人可以領他們回家吧？」

他收線後就看著我和虎媽，搖搖頭說：「唉，你看！又是沒結紮後生了一堆小唐狗。如果現在沒人領養，長大了就很難找到家了。」虎媽也點點頭說：「是啊，不過他們很可愛，希望會有好心人吧。」

別擔心！有心就事成

這次老爸用我在網絡上的號召力，呼籲人們去來領養小狗狗。雖然老爸打定輸數，不過聽前輩說，當我們真心希望做一件事，全世界的汪星人都會來幫忙完成它。

過了不久，老爸就大叫了：「有了！有兩個人留言說有興趣領養兩隻！」這邊虎媽也大喊道：「又有兩個…… 不！是三個人說想領養。」

老爸開始苦惱：「一個晚上就有 800 多個轉載、5 萬多人閱讀，真的是小吃粉絲團的歷史新高哦！可是怎麼辦，狗 B 不夠分配…… 嗯！我們要飾選一下領養人，例如先問問他們有沒有養狗經驗，家裡可不可以養狗這基本問題吧。」我在旁邊聽著聽著，就睡著了。

來！尋找屬於你的幸福生活吧！

翌日，老爸就帶著我和兩個領養候選人到元朗橫龍的車場。二叔的同事馬丁，帶我們一邊進去，一邊說：「這裡就是了。狗 B 身上都有牛蜱，你看到那隻黑色和啡色的都有很多牛蜱。之前車場主人試過用殺蟲水驅牛蜱，結果牛蜱是死了，但狗也病死了。」

這時，黑狗 B 小心翼翼地走過來，跟我笑說：「喂喂喂，你們是什麼人？這裡很多大車進出，很危險的。」我說：「他們是我的朋友，我們是帶接你們回家的。」

黑狗 B 又說：「甚麼呀？這裡就是我家啊，我爸媽都在這裡。」

「可是你們身體小，又有吸血蟲咬你們，而且車來車往，很危險的…… 你們還是跟他們回家裡住吧。他們對汪星人很好的，會替我們洗澡，給我們肉肉，家裡又不會漏水，很安全的。」我努力地遊說黑狗 B。

別擔心，我們會愛你一輩子！

一對情侶指著黑狗 B 說：「乖！來吧來吧，我有零食給你啊。跟我們回家吧，好不好？」

黑狗 B 看著旁邊的狗弟弟，問我：「可是……我捨不得弟弟啊。不想自己一個走，怎麼辦呢？」

我笑著說：「很簡單嘛！你們兩個一齊過去，纏住他們撒嬌，他們就會帶你們一齊回去了。」黑狗 B 和他弟弟，回頭望望狗媽媽，狗媽媽也點點頭。結果，他們就跟著那對情侶走了。

車場裡的狗狗生活⋯⋯

這時，老爸赫然想起，就問馬丁：「不是說有 6 隻狗 B 嗎？怎麼我們只看到 5 隻？」

馬丁搖頭說：「昨晚我還點過有 6 隻。唉，這裡白天有很多貨車出入，可能真的被車撞死了。你看看，那邊就有一隻跛了腳的，所以你們還是快點帶牠們走吧。」

最後，老爸和馬丁合力，很快就把其他狗 BB 找回來，一併帶上車裡，去找屬於他們的家了。回程路上，老爸摸著我的頭說：「小吃啊，你真的影響了很多人，包括你二叔。他以前就對小動物沒好感，沒想到你來了之後，他反而成為了這次拯救行動的召集人。」

馬丁也認同說：「對啊，現在他巡視地盤時都會叮囑工人要好好照顧地盤的狗，簡直判若兩人。好像這次本來我也覺得沒可能把狗 B 送出去，因為之前已經生了一胎 5 隻，我發FACEBOOK、WHATAPPS 都找不到人認養，結果只好自己收留了兩隻。這次他說能幫忙轉發消息，沒想到一天就把幫所有狗 B 找到家了！不然的話，牠們就命在旦夕了！」

聽到他們說二叔和狗 B 的改變，我相信只要人們真心希望做到零安樂、零棄養，全世界的人都會幫忙完成，這就是汪星元氣彈的力量！

3.4 緋聞男友馬蹄！

來！讓我嗅嗅你。

自從老爸迷上汪星人後，經常跟虎媽說甚麼有機會就再養一隻！他……他的理由竟然是替我找男友，而從沒問過我的意見！現在都什麼年代了？還有盲婚啞嫁？要找的話，也得我自己找！

小心！拐子佬出沒注意！

有一晚，我們如常地到汪星公園散步回來，我和爸媽在警察局外看到一個米克斯帥哥，他雄赳赳的走過來，咪著眼睛跟我打招呼：「你的眼睛好大好亮哦～ 就像黑夜裡的明月，一點都不像本地女生呢！噢，忘了介紹，我叫馬蹄，住在旁邊那蔬菜檔的。」哎吔！這樣一來就哄人家，真令人家不知所措！我只好含羞答答地回答：「你好…… 我是來自台灣的小吃，前面兩個是我爸媽。」

大家好！我就是馬蹄，負責守護菜檔。

噢？小吃你怎麼不願走了？

孔子這時蹲下來，摸摸馬蹄的頭：「噢？小朋友，你是不是走失了？我這裡有好吃的羊肉小圓片，給你。」

馬蹄有點慌張：「什麼！？第一次見面就見家長…… 不過小吃，你別介意，你老爸的舉動有點像拐子佬呢……」

「別擔心，他每次見到汪星人就會露出這副表情，總是想帶他們回家去。不如我幫你吃掉小圓片吧？喂，老爸，人家是出來散步而已。」我急忙補充幾句。

老爸阻止我：「小吃！不要搶人家的肉哦。怎辦？這隻狗應該是走失了或者被遺棄的吧？我們先帶他回家，好不好？」

「喂喂！聽我說吧，我家就在旁邊，你幫我跟他說說吧。」馬蹄說罷，就坐在

地下。

虎媽走上去，安慰著馬蹄說：「現在只有一條狗帶，不如我帶小吃先回去，然後再帶他回去吧？」

馬蹄才不理會他們：「再見了小吃，你明晚還會過來嗎？我明天在這裡等你吧。」說罷就逕自走開了。

我和虎媽回家不久，老爸便一臉失落地回來，一坐下來便說：「唉，原來那隻狗是菜檔的，我們差點綁架了人家的太子爺。」

虎媽一邊笑，一邊安慰他說：「看來只有小吃會跟你，其他的都勉強不了。不過，我們還是可以去探望他呀。」

您們不要只顧著拍照吧！

快給我羊肉片！

每晚見面的約定

正因為老爸這麼熱血綁架汪星人的緣故，我和馬蹄就此認識了。從此，幾乎每個晚上我們都會見面，老爸還特意買了些乾糧給他吃。可能是因為我們每次都是深夜約會吧，馬蹄見到我們都笑嘻嘻地來歡迎我們，大家也一直相敬如賓。直到某天中午，我和老爸帶著香港電台的攝影師，打算去拍攝馬蹄的日常生活，他罕有地嚴肅起來。

馬蹄大喝了幾聲：「站住！他們是什麼人？為什麼帶一袋二袋的進來菜檔？是不是想趁大白天來偷菜？」

老爸趕忙安慰他：「馬蹄，他們是攝影師，他們很友善的，只是來拍拍你和小吃。」

馬蹄沒理會，仍舊緊張地低吼：「我沒見過這些東西哦！聽說它們會攝走我的靈魂。我不拍！不拍！」

我看形勢不對，就跑到菜檔外頭，假裝四處撿東西吃，老爸一看見這樣就分心了，立刻跟攝製隊說改會再拍。其實，老爸和攝製隊都低估了我們汪星人的工作專注度。馬蹄事後跟我解釋，說他自小就在菜檔長大，蔬菜自然是他家的寶貝。他白天要當值看守，不許陌生人走進，晚上有工人上班才可以休息。他知道我們沒有惡意，所以他這回只是輕微的警告我們而已。

也是住在菜檔的小貓咪，我叫 KITTY。

嗚……你要坐牢去了？

可是有一晚見面時，他有點沮喪地跟我抱怨：「糟糕了！我可能要去坐牢了。我不仕的時候，你可以幫忙看看店舖嗎？」

我安慰他說：「別慌。發生什麼事呢？」

他接著告訴我：「今天傍晚，有個男人鬼鬼祟祟的在門口想偷我們的菜，我警告他無效後，就輕撞了他一下。聽工人說，他要去報警抓我，所以我現在很擔心……」

我說：「豈有此理？偷菜失敗了，還敢去報警？亂闖你地盤已經不對的，還惡人先告狗？就算你是哨他一下，也是大條道理的！」

馬蹄搖搖頭：「唉，好多事情你不懂的。汪星法律在這裡不管用，他們的法律既複雜又難懂。現在我只希望不會連累主人……」

「秀秀你啦……我會陪你的。」

正當我們依偎在一起，不識趣的老爸又催我回家去。幸好至今，馬蹄哥也安然無恙，看來守護犬也不容易當呢。友善笑迎就責備沒戒心，守門稱職又要抓去坐牢。

聽汪星前輩說過，汪星人完成任務後就會回鄉退休；在回鄉之前，牠都會找到接班人來照顧主人，延續汪星人的愛。我一直都以為只是傳說而已，直到……

阿仔的接班人

記得兩年前的聖誕節，老爸帶我去龍鼓灘慶祝生日，虎媽還帶了她們家的雷阿仔出來，免得我形單影隻。那時阿仔雖然已經步履蹣跚，但還是精神飽滿。我還特意撿了一塊雞排給他，他卻邊吃邊搖搖頭：「美味是美味，不過我吃不久了，快要退休了。」

我驚訝地說：「為什麼？你的樣子不像是申請病假呢。」

他看看虎媽，然後滿足的笑著說：「傻妹，我看著少主人讀書、留學、回流工作，一家人齊齊整整的，那我任務算是完成了，回汪星的日子不遠了。接下來，就要物色接班人了……」

別礙著我睡覺嘞！好不好？

我會記得跟你們一起的日子。那邊生活很好，勿念。

「什麼接班人？」我問。

「你不知道嗎？對了，你還年輕，不懂的事還很多。我們汪星人在限時內，除了要帶給主人幸福之外，退休前還要找到接班人，免得主人太傷心，可以學會珍惜每一天的幸福。只是我現在還不知道找誰做接班人好。」他說罷就趴下來，靜靜的看著海邊，沉思這煩惱，直到開完生日會他也沒想到答案。

後來從老爸口中知道，阿仔已經退休了，看到虎媽每天以淚洗臉，其實我很想告訴她，阿仔只是回汪星享受無拘無束、無限肉肉的生活罷，只是她都聽不明白。我也一直在等，等著阿仔的接班人出現。

你們有好好照顧自己嘛？

你好！我就是小丸子了！

老爸，列毛是纏著小丸子玩吧？

好了好了！不如一起玩吧？

可愛的小丸子

大概過了幾個月，正當我以為一切只是個傳說，但我去度假屋的時候，卻看到一隻俊俏聰敏的米克斯 - 小丸子。

她看見我和老爸就跑過來跟我們打招呼，還不斷親我老爸。她說：「你好啊，小吃！終於見到你了。」

我嚇了一跳，問她：「你就是阿仔找的？他是怎找到你的？他都交代過你？不然怎可能你會知道我呢？」

她點點頭：「是的，他知道主人有捐助保護遺棄動物協會，所以就在那裡找到我。他知道我不怕喵星人，又會看門，所以就安排我做接班人。他跟我說傳到我已經是第三任了，還跟教了我一些秘訣和規矩。當然，他也介紹過你和你老爸的事。」

虎媽看到我和小丸子在講話，就說：「看！牠們都很喜歡對方呢！而且小丸子不會跟小吃爭沙發位坐。」

「這個小丸子跟小吃一樣是鄉下妹呢，又很膽小的，你看連零食都不會吃。每次都要教她這個雞肉是可以吃，她才會吃。不過呢，她特別乖，不會去偷黃貓的食物，抵讚！」虎媽續說。

讓時間把傷感沖淡

小丸子悄悄告訴我：「阿仔教我要裝笨笨的，這樣他們就要重新教我所有東西；慢慢地，傷感就會減退。阿仔還交代我要照顧兩隻喵星人。」

我不禁好奇的問：「喵星人也要你照顧？他們很懶很傲氣的，而且他們的喵糧比我吃的還美味。我要是你，就趁他們沒察覺去偷吃一點。」

她點點頭說：「是啊，他們的罐罐真的很香。不過阿仔又說兩隻喵星人是虎媽撿回來的，比他還早來到這裡。為了哄家人開心，我們要忍一忍口，要和喵星人和平相處。」

小丸子的出現，令我明白接班狗並不是傳說，而是每個汪星人回汪星前的最後任務。

汪星人的離開並不是道別，而是將家人的愛延續下去。

請以領養代替購買！

1 繁殖場多以利為本，不停強逼毛孩交配懷孕，毛孩生活環境非常惡劣；所以，最理想就是以領養代替購買、杜絕這些黑心商人的謀利的機會。

2 您的世界可以很大、擁有很多朋友或活動，但毛孩的世界就只有您。所以領養前，一定要承諾照顧毛孩一輩子，風雨同路，同甘共苦。

3 不少民間的寵物義工會收留剛出生、被遺棄、受傷或受虐待的毛孩，如果情況容許的話，建議救得一個得一個。有些收留毛孩的家庭也會收取暫托的酬金，如果有什麼可疑的地方，儘量先調查一下，以免助長買賣。

4 收養毛孩前，要預留時間互相了解，遇到疑問就請教身邊的家長或獸醫。

4.2
太平道的櫥窗毛孩

我不要去花墟，我要去吃旺角的小吃呀！

太平道

難得老爸今日帶我到遊客必到的旺角鳩嗚（註），不過他這天裝帥，居然不帶行李箱，那怎可能把滿街的零食買回去呢？不過這條街不是遊客必到的女人街，而是太平道。這裡雖然沒有賣魚蛋，但我卻看到好多狗狗在這裡聚會，難道這裡有大食會？

註：太平道，鄰近旺角東港鐵站，該處寵物店與獸醫診所林立。

被賣走的孩子

咦？前面有位芝娃娃姐姐，讓我上去跟她打聲招呼吧：「我是小吃，狗如其名最愛吃！請問附近是否辦大食會？好多狗狗都像在店裡等吃哦。」

GIGI 說：「你好！我叫 GIGI。他們不是在等吃，是等被人買回家去。我以前的毛孩子女，都是在這裡被人買走的。唉，不知他們現在生活如何！」

GIGI 被收養前。

告別黑房，看到真正的綠草地。

我緊張地說：「別哭別哭……我叫老爸請你食小圓片吧。你以前是住這裡的？」

GIGI 邊哭邊說：「不是，我以前就住在比我大一點點的籠子裡，困在個黑房了。每天吃飯，大小便都在同一個籠。日子久了，皮膚也發炎了。」

可惡啊！我接著問：「聽到就覺得噁心的地方，那是什麼偷走你的毛孩子女？」

GIGI 邊哭邊說：「把我困住的是一幫商人，每次好辛苦才把孩子生出來。過不了幾天就有人把牠們帶走。一開始我都不知人們為什麼要這樣做，後來聽我的爸媽才知道那些人是變賣我的孩子賺錢。」

我忍不住問：「所以櫥窗裡的毛孩背後都有這樣的經歷……那你爸媽沒有去找警察幫忙？你爸媽也是在這裡帶你回家的？」

汪星人遇到不公義的事，也會發脾氣的！

有些事情，你未必知道。

GIGI 非常感慨：「汪星球沒有罪犯也沒有警察。在這裡，這種事找警察卻也沒用。後來我被逼生了幾胎後就生病了，那些人覺得我沒用，不能再生毛孩了，也不想給醫療費，於是就把我丟了給獸醫。幸好我的爸媽在獸醫處拯救了我，帶我回家才避過一劫。」說罷，GIGI 破涕為笑地看著她的爸媽。

太可惡了！原來這裡有好多主人不知道櫥窗毛孩的辛酸。

這條太平道，一點也不太平。

我說：「老爸，我們要不把打破櫥窗、救走其他毛孩吧？」

孔子：「小吃，不要老是纏住要零食吧，人家 GIGI 跟你一樣也是千辛萬苦才找到幸福的家。好好跟她做朋友吧。」

唉，這個笨蛋總是聽不明我的話。

那就我們自己衝進去救！

GIGI 站到累了就坐著跟我說：「你別激動。光靠我們也救不完牠們，走失了一兩隻毛孩對商人來說不算什麼……」

這時 GIGI 媽就服侍 GIGI，幫她按腰並說：「乖乖今天辛苦了，要坐車過來拍照。我們現在休息一下吧。」

孔子就問：「她現在不能太操勞？還可以跟你們去遊山玩水嗎？」

GIGI 媽就笑著說：「當然可以，去到街上她不知哪裡來的體力，反而是我們倆不夠她跑得快。可能是因為她以前沒得去玩吧。」

孔子搖搖頭說：「唉，滿街都是繁殖場的毛孩，不知道 GIGI 看到會不會想起她的過去。

GIGI 媽：「其實如果大家都以領養代替購買，繁殖商無利可圖，那就不會再有像 GIGI 一樣的毛孩。」

我點點頭認同說：「對啊，我老爸也是在台灣被我撿回來的……」

4.3

生病的汪星人（上集）

吃了那難吃的藥丸，身上的毛都掉了……

「呼……呼…… 老爸，今天散步的路有點長…… 我喘不過氣、走不動了。」

「小吃？你還不想回家？幹嘛坐在地下？」孔子問。

「是不是關節痛？要再帶她去看醫生嗎？昨天她已經走得很慢了。」虎媽輕聲的說。

老爸也覺得奇怪，二話不說就抱起我，急忙跑去看醫生。雖然我最近比較清瘦，不過老爸走到一半路也在喘氣呼呼了。

怎麼吃了很多零食，身體還是瘦了一圈？

飆升的 ALT 肝指數

好不容易到了醫務所，側田醫生先問老爸：「前幾天不是看過黃醫生嗎？有診斷是什麼事嗎？」

老爸說：「那天你剛好放假，黃醫生看小吃走路沒力，也沒食慾，覺得可能是風濕關節問題，但上星期我們去爬山，小吃還走在最前呢……」

側田醫生仔細檢查我的手腳，又看看我眼睛及嘴巴，然後說：「汪星人生病不會講病癥，所以主人平時要注意他們生活小變化。我看她牙肉很白，之前也是這樣嗎？」

老爸掀起我嘴唇看看，詫異地說：「咦？真的很白呢，之前不是這樣的。」

側田醫生接著說：「我們要幫她抽血做化驗，才能知道小吃有什麼問題。你們先到外面等一等吧。」

老爸和虎媽走出了檢查房門後，雖然護士在旁不斷安慰我，可是我還是莫名地緊張起來。看到醫生拿著針筒，瞬間就抽了一管子血，還好不算很痛。醫生摸著我頭說：「小狗很乖啊，沒叫過半聲。」抽完血，護士很識趣的給我肉罐子，這算不算是人們常說的「賣血」呢？老爸和虎媽看到我，說：「小吃沒事吧？應該很痛吧？不知道是什麼事……」過了一會，醫生出來了：「小吃的血液報告不是太好，明顯的貧血。這點也罷，但我更擔心的是她的肝，平常的 ALT 指數（註）是 50 左右，小吃是 1100……」

「什麼！？小吃很嚴重嗎？」虎媽哭著說。

「虎媽，不用擔心，我沒事的，只是有點不舒服。」我急忙安慰她一下。

註：ALT（Alanine Aminotransferase），即肝功能指數。ALT 是一種酉每，主要存在於肝臟細胞，一般狗狗的正常值一般小於 50 U/L。當肝臟損傷時，ALT 會釋放於血液，而造成血液的 ALT 上升。

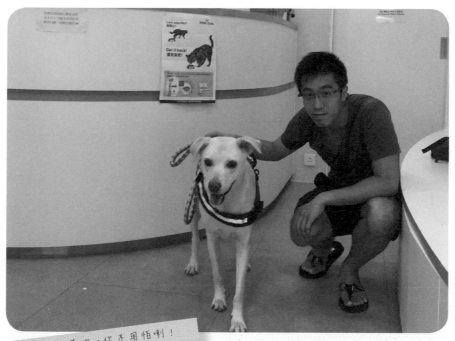

毛爸，我還在陪著你，你不用怕喇！

做好了預防，還是中招了！

醫生接著說：「在快速測驗中，小吃對艾利斯體牛蜱熱呈陽性反應，我們稍後會再拿她的血液去化驗所再確認一次。」

老爸又說：「可是，我們每個月都有幫小吃滴 Frontline，為什麼會這樣呢？」

「那只能確保牛蜱咬了她之後就會死掉，但還是可以咬到的。平時還是要減少去草地活動吧。」側田醫生回答說。

虎媽繼續哭，老爸一直安慰她：「沒事的、沒事的……」

其實我也很擔心，從前不舒服就吃吃草藥便沒事，這次被牛蜱咬了，不知不覺就倒下去了。從診所回家，老爸還是一直在碎碎念：「沒事的、沒事的……」他是不是精神有問題呢？我很少見他會不斷重覆一句話，連老爸也老淚縱橫，我要撐住才令他們安心。

沒事的……看我還很精神嘛！

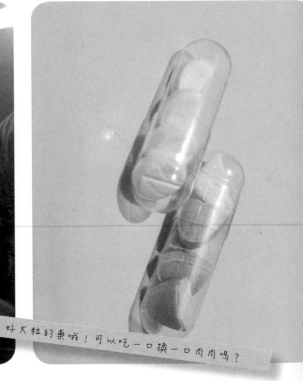

好大粒的藥哦！可以吃一口換一口肉肉嗎？

情況更差了？

可是休息了三天後，我卻越來越沒力。第二次去診所，側田醫生和護士又抽了我一點血，然後給我一罐肉罐。這次他神色凝重的叫老爸進來：「小吃今次的血液報告比之前的更差了，ALT 升到 2000，而且……」他沒說完，虎媽就像缺堤般哭了。

老爸急問：「為什麼、為甚麼這樣？是不是有其他問題？」醫生冷靜的接著說：「如果只是牛蜱熱，吃了保肝藥和抗生素應該能控制下來，所以小吃可能還有其他病，我們必須幫她照照超聲波才能知道。」

護士拿起剃刀把我肚子上的毛剃得一乾二淨，醫生就拿著儀器在我肚子滾來滾去，我也只能默不作聲，安靜的等候。過了不久，醫生又叫了老爸進來：「小吃的肝漲大了不少，看來你們要帶她去看專科。因為這裡的儀器有限，不能幫她，我馬上幫你們轉介。」

甚麼？目標與期望？

輾轉之間，我們就到了灣仔專科醫院。虎媽和老爸一路上不停地哭，我一邊喘氣一邊安慰他們：「老爸，其實我沒什麼事，喘氣休息幾天就好了，你們不用擔心。」

老爸聽不到，一到達醫院，就不斷碎碎念的把我年歲、平常吃狗糧的牌子啊、分量啊，連已經吃光的零食包裝都拿出來給「女醫生」看……「女醫生」急忙說：「孔先生，你冷靜一下，我是這裡的姑娘，不是醫生。這裡的規矩是先讓獸醫護士瞭解病情，然後我們再告訴醫生。請問你這次前來有什麼目標？你想達到什麼期望？」

虎媽跟老爸你眼望我眼，就像小學生沒有做好功課一樣的不會答問題。老爸壓抑著說：「我們只希望小吃病癒啊，這是唯一的目標。」於是，我們等了又等，終於見到洋人醫生。他帶我去二樓，又做了很多不同的檢查。到底他們是不是想把我拿去研究呢？為什麼不斷要摸我的肚子，畢竟這是汪星人最脆弱的地方…… 幾個小時後，終於再見到老爸啦。

好累⋯⋯ 真的好累⋯⋯ 走不下去了。

洋人醫生說：「我們檢查後，發覺有兩個可能。第一，我們發覺她的淋巴位置有 4 到 5 個陰影，有可能是癌症腫瘤；第二，也許只是寄生蟲。由於她之前曾在台灣流浪，我們不清楚台灣的情況。為了進一步瞭解她的病情，我們抽了她腫瘤的組織去化驗，大概下週三會有結果。另外，建議請心臟科專科醫生，來為她做個心臟的超聲波，以確保她的心臟機能健全。」

檢查之後又是檢查。經過朝 10 晚 7 的檢查後，我們終於可以回家了。最痛苦的，不單是肚皮上一個個因為抽組織而弄出來的瘀青，而是折騰了一個多星期，爸媽還不知道我得了什麼病，一直忐忑不安。

您知道嗎？

汪星人生病了？健康預警小分享

認識小吃以前的老爸，從沒有機會跟汪星人相處。幸好，老爸身邊出現了不少善心人，生怕老爸對我招待不周，一直多加提點。不過，汪星人也有生病的時候，最可憐的是汪星人性格都很倔強，一般沒到熬不住，都不會告訴別人的。經過這次大病，老爸想這裡跟大家分享以下的病症，如果汪星人有以下情況，請安排約見醫生，以策萬全哦！

Level	解說
1 級 － 食欲不振	出名愛吃的汪星人，如果突然變得挑吃，其實已經是一個警號呢。
2 級 － 上吐下瀉	排泄物的形態有所不同，有時並不容易察覺；如果出現嘔吐的情況，一般就比較嚴重了。
3 級 － 行動不便，不願走動	小吃是個活潑開朗的汪星人，只要有機會上街都會興奮莫名。所以去年11月中旬，小吃突然不願上街，老爸便立刻帶她去看獸醫。
4 級 － 咳嗽、牙肉和耳朵的顏色變白、呼吸急速、水腫等病症。	

1 留意生活細節

汪星人身體簡直是宇宙秘密，獸醫也不一定輕易揭破，所以請細心留意汪星人的生活細節，畢竟我們才是汪星人的生活伙伴，必須密切留意身體尺寸等，這是非常重要的。

2 努力尋找最適合汪星人的獸醫

臨渴掘井會令治療的過程更痛苦！所以建議在汪星人健康時就多留意適合的家庭醫生，並確保有備用的獸醫，因為醫生或診所通常也有休息或外遊的日子，最好預先多認識幾位獸醫，以保障汪星人的安全。

3 妥善保存病歷，多了解食品材料

汪星人的生命脆弱，微少的物質也已可能對他們做成莫大的影響（例如中藥的成分及可可等），所以最好妥善保全日常食物的資料，以便獸醫查詢時可馬上提供。有時候，汪星人可能行動不便，如果體型比較大得話，可能需要輔助器、寵物車等協助移動。

4 多陪伴在左右

陪伴在旁已是最好的藥物，主人也要妥善控制情緒，不然汪星人也會擔心哦。

5 維持喜好

即使汪星人抱恙了，但他們都嚮往身體健康時的生活細節，例如喜歡坐的位置等等。可能他們的行動不便，但如果情況許可，大家就儘量維持他們的喜好吧。

註：以上只是老爸的經驗分享，始終不是專業的獸醫，所以只供參考。

天堂哦！美味的肉肉在等著我！

還有健康又可口的奶呢！

從灣仔回來後，
我就開始過著猶如天堂般的生活！

每天都有新鮮的肉肉，雞柳條是早餐必有的，晚餐連鴕鳥肉也有，還各種不同口味的罐罐，晚上還可以跟老爸一起睡！可是老爸卻愁眉不展。他一直都很擔憂，晚上常常睡不著，睡不著就翻看著我的驗血報告碎碎念：「不會是癌症吧，一定不會是癌症……」就這樣子，一直持續了五天，直到再去灣仔做詳細的心臟檢查。

洋人醫生這次確診了我是患上心絲蟲和牛蜱熱這兩種汪星人常有的病，此刻老爸才鬆一口氣，終於能對症下藥，而我們也就開始 270 天的超漫長治療期。

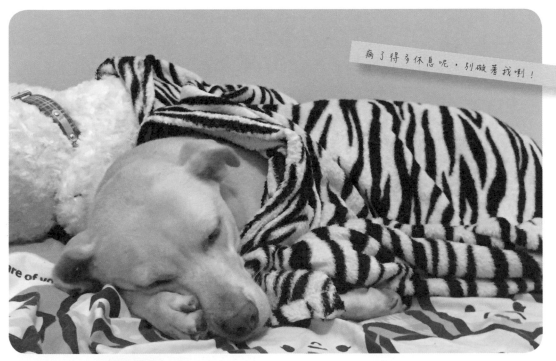

病了得多休息呢，別礙着我喇！

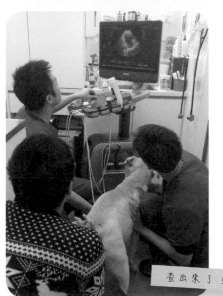

查出來了！是心絲蟲與牛蜱熱！

笨蛋！誰說我是在玩口水？

我們汪星人患病，的確比人們辛苦得多。怎麼說呢？老爸總是直接把藥丸塞進我喉嚨，一開始還半推半就，勉強接受；過了一星期後，我真的覺得好苦呢，忍不住就想把它吐出來。

老爸看見就很緊張地說：「小吃！別玩口水了！你看你，滿嘴巴都是泡泡，是不是生病就覺得無聊？」

聰明的虎媽就說：「她不是玩無聊吧？類固醇很苦的，可能她覺得苦才這樣呢。」

呆呆的他，半信半疑地說：「不是吧？狗狗也會怕苦？那要給他吃嘉應子嗎？」

虎媽：「哼！那你要親口試試藥嗎？不如我們試著把藥放進肉罐裡吧。」

於是，老爸每次餵藥都會偷偷躲進廚房，然後把藥塞進肉罐裡去，以為我真的沒察覺。其實我一聞就知道不同，但袋鼠肉罐的味道真的很香，幾乎可以蓋過藥味。加上汪星人的味覺本來就比較差，連我們都覺得苦的話，那肯定是超難吃的呢。

汪星人也會失眠？

有一晚，老爸看我這麼晚還呆在沙發躺著，就問我：「小吃，怎麼還不睡覺？居然一直在笑…… 是不是吃藥吃傻了？乖乖，快睡覺吧。」

虎媽也過來哄我說：「乖小吃，要睡覺才會病好的。嗯？她不是在笑啦，是在喘氣，吃了類固醇的副作用還會失眠呢。而且你看她手腳都有水腫，也許令她睡得不好吧。」

老爸認真的想想：「我還是頭一次知道狗狗也會失眠，也會有水腫，原來狗狗跟我們人類也一樣，病要吃藥，也會失眠。」笨笨的他就像發現新大陸一樣，其實汪星人有好多地方跟人們一樣，只是他一直不知道吧。

老爸特意去請教側田醫生，然後就買了一台加濕器回來。那機器整天對著我，我看到它不斷噴氣出來，心裡就覺得有點怕怕了，簡直就是一隻會發光、會噴火的怪獸嘛！還好，它不會走路過來追我呢。不過有了這怪獸器，呼吸也比較舒服了，少了喘氣，只是走路還是一樣沒力，感覺就像突然老了幾十年。平常只是 5 分鐘的路程，現在也要用上多幾倍時間才走得到。

我真的走不動了，別帶我外出喇！

又有一天，老爸不知從哪裡搬了幾盒怪東西回來。一邊拆，還一邊興奮地叫嚷：「小吃！你的車來了！可以坐車去街了！」他把一個輪子接到另一端，又把另外的鐵架都接上，就變了一台手推車。

虎媽在旁邊看傻了眼：「這車……好像有點小，她會不會坐不下？」

老爸說：「這已經是最大的一款了，就讓小吃試試吧。」說罷，他問都沒問，就把我抱上車去，第一時間當然是帶我去見我的馬蹄哥。

你想說的，其實我都知道了……

這段日子辛苦了！好好休息吧。

唯一

就在那天晚上，老爸抱著我睡。

他一邊摸著我的頭，一邊溫柔地說：「小吃啊，聽到你打呼的聲音，就是最好聽的音樂。你知道嘛？ 你的健康，對我來說就是最大的禮物。人生可以很簡單，其實我們一開始就很簡單。一個在走，一個在跟……」

我乾脆就趴下來，把頭挨在他手臂上，默默地看著老爸的眼淚淌下：「小吃啊，如果你康復了，老爸就開車帶你去旅行。我們像之前一樣，去露營、去吃烤肉、然後……我們還有很多事沒一起做過呢，你知道嘛？」

我用鼻子頂一頂他：「知道了……」

他輕輕的，在我耳邊說：
「小吃啊，老爸跟你講個故事吧……

從前有一個小王子，
他遇到一隻狐狸，他想跟狐狸一起玩。
於是，他們就建立了關係，互相了解，成爲了好朋友。

小王子馴養了狐狸之後，
牠就是世上唯一的狐狸，
而小王子就是世上唯一的男生。

而你就是世上唯一的孔小吃，知道嗎？」

我靜靜的靠在老爸的小肚腩上說：「老爸，以後每晚都跟我講故事好嗎？」

（全書完）

汪星人小吃看世界！

作者	孔子
總編輯	Ivan Cheung
責任編輯	Sophie Chan
助理編輯	Tessa Tung
文稿校對	Jessie Lee
封面設計	Sopoco
內文設計	Yan
出版	研出版 In Publications Limited
市務推廣	Samantha Leung
查詢	info@in-pubs.com
傳真	3568 6020
地址	九龍太子白楊街 23 號 3 樓
香港發行	春華發行代理有限公司
地址	香港九龍觀塘海濱道 171 號申新證券大廈 8 樓
電話	2775 0388
傳真	2690 3898
電郵	admin@springsino.com.hk
台灣發行	繪虹企業股份有限公司 / 大風文化
電話	02-29155869#10
傳真	02-29150586
電郵	rphsale02@gmail.com
出版日期	2016 年 2 月 29 日
ISBN	978-988-14771-6-3
售價	港幣 88 元／新台幣 390 元